VC-187

Heinz Häberle · Werner Bidlingmaier (Hrsg.)

TA-Siedlungsabfall

Erfolgreiche Abfallwirtschaftskonzepte,
Restmüllbehandlung, Absatzstrategien

Mit 24 Abbildungen

Springer-Verlag
Berlin Heidelberg New York
London Paris Tokyo
Hong Kong Barcelona
Budapest

Prof. Dr.-Ing. H. Häberle
Die Umwelt-Akademie e.V.
Münchener Straße 20
82234 Weßling

Prof. Dr.-Ing. habil. W. Bidlingmaier
Universität GH Essen
FB 10 Bauwesen, Siedlungswasserwirtschaft
Fachgebiet Abfallwirtschaft
Universitätsstraße 15
45141 Essen

ISBN 3-540-57550-2 Springer-Verlag Berlin Heidelberg New York

Dieses Werk ist urheberrechtlich geschützt. Die dadurch begründeten Rechte, insbesondere die der Übersetzung, des Nachdrucks, des Vortrags, der Entnahme von Abbildungen und Tabellen, der Funksendung, der Mikroverfilmung oder der Vervielfältigung auf anderen Wegen und der Speicherung in Datenverarbeitungsanlagen, bleiben, auch bei nur auszugsweiser Verwertung, vorbehalten. Eine Vervielfältigung dieses Werkes oder von Teilen dieses Werkes ist auch im Einzelfall nur in den Grenzen der gesetzlichen Bestimmungen des Urheberrechtsgesetzes der Bundesrepublik Deutschland vom 9. September 1965 in der jeweils geltenden Fassung zulässig. Sie ist grundsätzlich vergütungspflichtig. Zuwiderhandlungen unterliegen den Strafbestimmungen des Urheberrechtsgesetzes.

© Springer-Verlag Berlin Heidelberg 1994
Printed in Germany

Die Wiedergabe von Gebrauchsnamen, Handelsnamen, Warenbezeichnungen usw. in diesem Werk berechtigt auch ohne besondere Kennzeichnung nicht zu der Annahme, daß solche Namen im Sinne der Warenzeichen- und Markenschutz-Gesetzgebung als frei zu betrachten wären und daher von jedermann benutzt werden dürften.

Produkthaftung: Für Angaben über Dosierungsanweisungen und Applikationsformen kann vom Verlag keine Gewähr übernommen werden. Derartige Angaben müssen vom jeweiligen Anwender im Einzelfall anhand anderer Literaturstellen auf ihre Richtigkeit überprüft werden.

Satz: Reproduktionsfertige Vorlage von den Autoren
30/3130-5 4 3 2 1 0 – Gedruckt auf säurefreiem Papier

Vorwort

Nachdem die Auswirkungen der TA Siedlungsabfall inzwischen in der Praxis spürbar werden, greift dieser Band die nun anstehenden Fragestellungen auf. Dabei werden vor allem folgende Schwerpunkte behandelt:

- Anpassung der Abfallwirtschaftskonzeption
- Gestaltung des Gebührenhaushaltes
- Was ist Restmüll?
- Absatzstrategien (Kompost/Wertstoffe)
- Welche Übergangslösungen gibt es?
- Was leistet kalte Vorbehandlung?
- Wo liegt der Handlungsbedarf bzw. Handlungsspielraum des Entsorgungspflichtigen?
- Welche Auswirkungen ergeben sich auf die Gestaltung und Konzeption von Behandlungsanlagen?

Die Autoren der Beiträge zählen heute zu den erfahrensten Experten der Abfallszene in Deutschland. Sie haben diese Themen in einem Seminar der Umwelt-Akademie dargestellt und mit einem Kreis fachlich hochrangiger Teilnehmer diskutiert. Das Ergebnis dieses Seminars, ergänzt und abgerundet durch die fachkundigen Diskusssionsbeiträge, liegt nun in diesem Band vor. Er ist damit eine wertvolle praktische Hilfe für alle, die die Abfallproblematik angeht. Und wer ist das nicht?

Dem Leser werden die notwendigen theoretischen Grundlagen zusammen mit praktischen Beispielen so anwendungsnah geboten, daß er leicht seine eigenen Handlungsweisen davon ableiten kann. Im Falle weiterer Informations- und Beratungsbedarfs kann der Leser gerne auf das Expertennetz der Umwelt-Akademie zurückgreifen.

Besonderer Dank für das Gelingen dieses Bandes gebührt Herrn Dr. habil. Werner Bidlingmaier, dem fachlichen Leiter des Seminars und fachlichen Koordinator dieses Bandes.

Gemeinsam mit ihm wünsche ich dem Leser das nötige Wissen und die Fähigkeit, seine Abfallprobleme im Sinne einer lebenswerten Umwelt zu lösen. Möge der vorliegende Band dazu beitragen, umweltgerechte Abfallkonzepte zu fördern und zu verbreiten.

Weßling, im April 1994　　　　　　　　　Prof. Dr. Dipl.-Ing. Heinz Häberle

Inhalt

Einleitung 1
Werner Bidlingmaier

Biologische Abfallbehandlung – Voraussetzungen und Bedingungen 3
Joachim Müsken

Abfallwirtschaftskonzept – Was gehört hinein? 13
Frank Bickel

Restmüll – Was ist das? 23
Werner Bidlingmaier, Ludwig Streff

Bricht der Kompostmarkt zusammen? 41
Ralf Gottschall, Holger Stöppler-Zimmer

Thermische Behandlung von Restabfall 65
Kerstin Kuchta

Verhalten von biologisch vorbehandeltem Restmüll bei der Ablagerung 91
Werner Bidlingmaier, Ludwig Streff

Das Abfallwirtschaftskonzept des Landkreises Freudenstadt 101
Erfahrungen mit einem Bringsystem
Petra Zell

Biologische Restmüllbehandlung 113
Christel Wies

Autorenverzeichnis

Bickel, F., Dipl.-Ing.
  AWIPLAN
  Hofgut Mauer, 70825 Korntal-Münchingen
  Tel. 07150/6059, Fax 07150/6908

Bidlingmaier, W., Prof. Dr.-Ing. habil.
  Universität-GH-Essen, FB 10 Bauwesen, Siedlungswasserwirtschaft
  Fachgebiet Abfallwirtschaft
  Universitätsstraße 15, 45141 Essen
  Tel. 0201/1833794, Fax 0201/1832851

Gottschall, R., Dipl.-Ing.
  PlanCoTec
  Am Eschbornrasen 11, 37213 Witzenhausen
  Tel. 05542/71505, Fax 05542/72039

Kuchta, K., Dipl.-Ing.
  TH Darmstadt-Lichtwiese, Inst. f. Wasserversorgung,
  Abwasserbeseitigung und Raumplanung
  Petersenstraße 13, 64287 Darmstadt
  Tel. 06151/162748, Fax 06151/163758

Müsken, J., Dipl.-Ing.
  Reinsburger Straße 110, 70197 Stuttgart
  Tel. 0711/6159082, Fax 0711/6159082

Stöppler-Zimmer, H., Dr.
  PlanCoTec
  Am Eschbornrasen 11, 37213 Witzenhausen
  Tel. 05542/71505, Fax 05542/72039

Streff, L., Dipl.-Ing.
  Universität-GH-Essen, FB 10 Bauwesen, Siedlungswasserwirtschaft
  Fachgebiet Abfallwirtschaft
  Universitätsstraße 15, 45141 Essen
  Tel. 0201/1833794, Fax 0201/1832851

Wies, C., Dr.
    Landesamt für Wasser und Abfall
    Auf dem Draap 25, 40221 Düsseldorf
    Tel. 0211/159321, Fax 0211/1590176

Zell, P.
    Landratsamt Freudenstadt, Abt. Umweltschutz
    Herrenfelder Straße 14, 72250 Freudenstadt
    Tel. 07441/551, Fax 07441/55375

Einleitung

Werner Bidlingmaier

Die TA Siedlungsabfall, als nun zweite technische Anleitung auf den Abfall selbst bezogen, hat im wesentlichen den Stand der Technik auf diesem Gebiet dargestellt. Neben allgemeinen Vorschriften sind die wesentlichen Kapitel

- die Zuordnung zu Entsorgungsverfahren,
- Anforderungen an die stoffliche Verwertung,
- Anforderungen an das Personal,
- Anforderungen an die Behandlungsanlagen,
- Anforderungen an Deponien.

Die TA Siedlungsabfall nimmt somit zur technisch-organisatorischen Durchführung der Abfallentsorgung Stellung. Der erste Schritt, die Erstellung tragender Abfallwirtschaftskonzepte, wurde durch den Bundesrat wieder herausgenommen.

Dennoch verursacht die TA Siedlungsabfall Rückkopplungen auf die Abfallwirtschaftskonzeptionen. Wichtigste Einflußgrößen sind die Anforderungen an die Vorbehandlung vor der Ablagerung sowie der Nachweis des Produktabsatzes aus der stofflichen Verwertung.

Die Entscheidung für oder gegen ein thermisches Verfahren wird zukünftig also nicht mehr ausschließlich durch die Abfallmenge bestimmt, sondern von der Art des Restmülls und den in der TA Siedlungsabfall festgeschriebenen Deponieanforderungen.

Der Erstellung integrierter Abfallwirtschaftkonzepte kommt damit eine gesteigerte Bedeutung zu. Sie regeln Art, Menge und Qualität der verwertbaren Stoffströme, in ihnen wird festgelegt, welcher Art der Restmüll ist und welche Behandlungswege zu wählen sind, sowie der Absatz der entstehenden Produkte.

Bestehende Konzepte sind also zu überprüfen, neue daraufhin auszurichten.

Die nachfolgenden Beiträge sollen hierzu Beispiele, Handwerkszeug und Entscheidungshilfen liefern.

Biologische Abfallbehandlung – Voraussetzungen und Bedingungen

Joachim Müsken

1 Einleitung

Die Dritte Allgemeine Verwaltungsvorschrift zum Abfallgesetz des Bundes (TA Siedlungsabfall, kurz: TASi) vom 14. Mai 1993 schreibt in ihrem allgemeinen Teil das Ziel der Abfallverwertung und die Schadstoffreduzierung im Abfall nochmals fest. Zwar ist wiederum der stofflichen Verwertung nicht der Vorrang vor der thermischen eingeräumt worden, doch wird der Themenkomplex biologische Abfallbehandlung von den allgemeinen Voraussetzungen (technische Machbarkeit, Zumutbarkeit, Vorhandensein eines Marktes, Umweltauswirkungen) über die Getrennthaltung und -sammlung der Abfälle bis hin zu den Anforderungen an Errichtung und Betrieb von Behandlungsanlagen im vorliegenden Regelwerk behandelt.

Die mit der TA Siedlungsabfall im Bundesanzeiger veröffentlichten „Ergänzenden Empfehlungen des Bundesministers für Umwelt, Naturschutz und Reaktorsicherheit" (Nr. 99 vom 29. Mai 1993) enthalten zusätzliche Hinweise auf den Rang der Abfallvermeidung (z.B. Eigenkompostierung) und die Erstellung und Fortschreibung von integrierten Abfallwirtschaftskonzepten (s. auch Beitrag Bickel). Bezüglich der biologischen Verwertung von Siedlungsabfällen kann konstatiert werden, daß der bereits vorhandene Stand der Technik festgeschrieben wurde, aber über das Bewährte hinaus kaum Neues in der TA Siedlungsabfall enthalten ist.

Dieser Beitrag beschreibt nun in kurzer Form den Umfang und die Auswirkungen der erlassenen Vorschriften auf die Systeme der getrennten Erfassung und Behandlung von organischen Abfällen. Für die ausführlichere Beschäftigung mit dem Thema sei an dieser Stelle auf das im Literaturverzeichnis genannte Schrifttum verwiesen.

2 Allgemeine Grundlagen

Im Abschnitt 4 der TA Siedlungsabfall (TASi) werden die Zuordnungskriterien für die Verwertung festgelegt. Danach sind Abfälle der Verwertung zuzuführen, wenn

- diese technisch möglich ist;
- die Mehrkosten gegenüber anderen Entsorgungsverfahren zumutbar sind;
- für die gewonnenen Produkte ein Markt vorhanden ist;
- sich die Verwertung insgesamt vorteilhafter auf die Umwelt auswirkt.

Für die biologische Behandlung von Siedlungsabfällen (hier: Bioabfälle und Grünabfälle) sind die am Markt befindlichen Verfahren der Kompostierung und der Vergärung sowie Kombinationen hiervon als technisch so weit ausgereift anzusehen, daß die Herstellung vermarktbarer Produkte (Kompost und Gas) jederzeit möglich ist. Auch die Kosten für die genannten Behandlungsmethoden bewegen sich entweder im Rahmen vergleichbarer Alternativen, wie Verbrennung oder Pyrolyse, oder sogar darunter. Voraussetzung der Anwendbarkeit ist auf jeden Fall die getrennte Erfassung der geeigneten Abfälle, so daß bereits ein möglichst schadstoff- und störstoffarmes Inputmaterial vorliegt. Die Zumutbarkeit der biologischen Abfallbehandlung nach TASi ist zudem durch das Vorhandensein entsprechender funktionierender Verwertungen und der positiven Umweltauswirkungen (CO_2-Problematik, Schließung des Kreislaufs für nativ organische Materialien) gegeben.

Die größten Anstrengungen zur Erfüllung der TASi sind wohl im Bereich der Kompostvermarktung vonnöten. Wenn die allein für die BRD prognostizierten Kompostmengen (über 2,5 Mio. Mg/a) abgesetzt werden sollen, ist zum einen ein hohes Qualitätsniveau der erzeugten Komposte zu garantieren und zum anderen eine Marketingstrategie auch für die einzelne Kompostierungsanlage zu schaffen. Beiden Voraussetzungen für das Gelingen der abfallwirtschaftlichen Maßnahme Kompostierung muß erst recht seit der Einführung der TASi vermehrte Aufmerksamkeit zuteil werden. Einer umweltfreundlichen Verwertung der bei der Vergärung entstehenden Biogase steht durch das Vorhandensein ausgereifter Blockheizkraftwerke (Kraft-Wärme-Kopplung) mit entsprechender Reinigung der Abgase nichts im Wege.

3 Sammlung und Transport

Dieser Themenkreis wird in der TASi im Kapitel 5.2 auch für biogene Abfälle abgehandelt. Im Vordergrund stehen hierbei

- die Trennung der Abfälle an der Quelle (Schadstoffentfrachtung),
- die getrennte Bereitstellung zur Einsammlung,
- die Erfassung der verwertbaren Stoffe mit geeigneten Systemen (z.B. Biotonne).

Der Begriff „Bioabfälle" umfaßt nach TASi alle im Siedlungsabfall enthaltenen biologisch abbaubaren nativ und derivativ-organischen Abfallanteile wie z.B. Küchen- und Gartenabfälle, aber auch alle anderen diesen ähnlichen bzw. gleichzusetzenden Abfälle. Die Erfassung der Bioabfälle (Abfallarten: Haushalts- und hausmüllähnliche Gewerbeabfälle) muß dabei so gestaltet sein, daß Belästigungen durch Gerüche, Insekten oder Nagetiere vermieden und die Abfälle in möglichst reiner Form (ohne Schad- und Störstoffe) eingesammelt werden.

Dies bedeutet auf jeden Fall dauerhafte Öffentlichkeitsarbeit zur Aufklärung der Abfallproduzenten in Haushalten und Betrieben bezüglich des Abfallhandlings (von der Anfallstelle bis zur Biotonne) und der Bekanntmachung der satzungsseitig festzulegenden Stoffliste, in der die Zuordnung einzelner Stoffe bzw. Stoffgruppen zu den diversen Getrenntsammelmaßnahmen und zum Rest-müll vorgenommen wird. Auch zumindest stichprobenartige Kontrollen der Sortierreinheit und die Möglichkeit der Zurückweisung ungenügend sortierter Abfälle sollten bedacht werden.

Für Garten- und Parkabfälle aus öffentlichen Grünanlagen und Friedhöfen sieht die TASi, soweit möglich, eine innerbetriebliche Verwertung durch Mulchen und Kompostierung vor. Soweit dies nicht durchführbar ist, sind auch diese Abfälle getrennt zu halten und einer externen Verwertung zuzuführen. Letzeres gilt auch für die kompostierbaren Anteile der Marktabfälle.

Als Sonderfall ist die Regelung im Abschnitt 5.2.8 zu betrachten, nach der Fäkalien und Fäkalschlämme, soweit sie nicht über Abwasserbehandlungsanlagen beseitigt werden können, auch der biologischen Abfallbehandlung zuzuführen sind. Dies kommt wohl v. a. für Vergärungsanlagen in Betracht, wobei in diesem Falle erhöhte Anforderungen an die Hygienisierung der behandelten Stoffe (z.B. thermophile Vergärung und/oder ausreichend lange Nachkompostierung, thermophile aerobe Stabilisierung etc.) unumgänglich sind.

4 Kompostierung

Unter der Überschrift „Aufbereitungsanlagen für biologisch abbaubare organische Abfälle" werden im Kapitel 5.4 der TASi Kompostierungs- und Vergärungsanlagen abgehandelt. Hier sind neben den bereits erwähnten und definierten Bio- und Pflanzenabfällen auch der Klärschlamm und alle anderen biologisch abbaubaren Abfälle zur Kompostierung angegeben. Oberstes Gebot ist wiederum die Verwertbarkeit des erzeugten Kompostes.

Zur Sicherstellung der Verwertung der erzeugten Komposte sollen bei der Genehmigung der Anlage folgende Nachweise vorgelegt werden:

- Absatzpotentialschätzung (einschließlich Eigenverwertung),
- Absatzkonzept,
- Konzept der beabsichtigten Betriebsstruktur.

Neben den schon im Abschnitt 3 dieses Beitrags dargestellten Maßnahmen zur sauberen Erfassung der geeigneten Abfallarten wird von der TASi v. a. die Auswahl der Ausgangsstoffe im Hinblick auf den späteren Anwendungsbereich der Komposte gefordert. Dies hat insofern auch für den Betriebsablauf im Kompostwerk Bedeutung, als daß aus der zur Verfügung stehenden Palette von Abfällen bereits bei der Inputaufbereitung darauf geachtet werden sollte, daß z.B. ein für die spätere Anwendung geeignetes Nährstoffpotential oder eine bestimmte Struktur (Holzhäckselanteil) eingestellt wird.

Die genaue Kenntnis der verschiedenen Eingangsmaterialien (z.B. Analysen auf Nährstoffe) ist hierzu unabdingbar, ein vereinfachtes Abfallhandling und geeignete Stapel-, Dosier- und Mischeinrichtungen notwendig. Absatzseitig bringt ein solches anlageninternes Management sicher Vorteile, da auf die spezifischen Ansprüche des (lokalen) Marktes besser reagiert werden kann. Zudem ergibt sich die Möglichkeit, auch sonst evtl. nur schwer kompostierbare Monoabfälle mit z.B. günstigem Nährstoffgehalt in bestimmter Dosierung mitzuverarbeiten.

Bezüglich der Kompostqualität (auch Schadstoffgehalte) und der Anwendungsmenge schreibt die TASi die Beachtung des LAGA-Merkblattes 10 (M 10) und der Düngemittelverordnung fest. Damit kommt dem ersteren Regelwerk bundesweit eine wesentlich gesteigerte Bedeutung zu, da die Einhaltung des M 10 nicht mehr allein Ländersache ist.

Die in der TASi formulierten Anforderungen an die Anlagenerrichtung und den Anlagenbetrieb (Abschnitte 5.4.1, 7 und 9.2.1) sind allen an der Planung und Errichtung von Kompostierungsanlagen Beteiligten schon seit längerem bekannt. Daher soll an dieser Stelle der Vollständigkeit halber nur ein kurzer Abriß dieser Vorgaben aufgenommen werden (in Klammern jeweils die Kapitelnummer der TASi). Danach ist zu beachten, daß

- Aufbereitungsanlagen für biologisch abbaubare Abfälle mindestens aus Eingangs-, Lager- und Arbeitsbereich zu bestehen haben, wobei darüber hinaus ein von den übrigen Bereichen getrennter Behandlungsbereich einzurichten ist;
- Vorbehandlungs-, Rotte- und Kompostaufbereitungseinrichtungen vorhanden sind (5.4.1.3.1);
- die Anlagenkapazität auch jahreszeitliche Schwankungen der Anlieferungsmengen verkraftet (5.4.1.3.1);
- die Lagerkapazität den jahreszeitlich bedingt unterschiedlichen Kompostabsatz kompensieren kann (5.4.1.3.1);
- der Eingangsbereich mindestens aus einem Stauraum für die Anlieferungsfahrzeuge, einer Waage mit Eingangsbüro, einer Probenahmestelle und einer Lagermöglichkeit für Rückstellproben zu bestehen hat, es sei denn, es handelt sich um eine unbedeutende Anlage (wie z.B. eine Anlage zur Kompostherstellung) (7.3.1; Anmerkung des Verfassers: Für größere Kompostierungsanlagen sind diese Einrichtungen wiederum wohl doch sinnvoll und unabdingbar!);
- die Rückstände (Regen- und Kompostsickerwasser) sicher aufgefangen und, soweit möglich, in den Kompostierungsprozeß zurückgeführt werden müssen (Befeuchtung des Kompostes) (5.4.1.3.2);
- alle Anlagenbereiche, in denen verunreinigte Wässer anfallen können, so abzudichten sind, daß der Untergrund oder angrenzende Flächen nicht verunreinigt werden können (7.1.4);
- die einschlägigen Bestimmungen für die Einleitung der Abwässer in ein Gewässer bzw. die öffentliche Kanalisation (Wasserhaushaltsgesetz sowie Landesbestimmungen) anzuwenden sind (7.5.1);
- Stoffe und Einrichtungen zur Brandbekämpfung und Auffangvorrichtungen für Löschmittel sowie Geräte zur Reinigung und Spülvorrichtungen für Leitungen, Behältnisse und Behälter vorhanden sind (7.1.1);
- die Beeinträchtigung des Betriebspersonals und/oder der Nachbarschaft durch Pilzsporen, Gerüche oder schädliche Gase unterbunden sind (5.4.1.3.3 und 9.2.1);
- insbesondere das geruchsbeladene Abgas aufzufangen und zu behandeln ist (z.B. Biofilter) (5.4.1.3.3);
- die Vorrotte zur Verbesserung des Kompostierungsprozesses in geschlossenen, kontrollierbaren und steuerbaren Systemen stattfinden soll (5.4.1.3.3).

Vor allem die letztgenannte Soll-Bestimmung wird zu Diskussionen bei der Anlagengenehmigung führen, da z.B. ein steuerbares Kompostierungssystem nicht unbedingt geschlossen sein muß (Beispiel: belüftete und umgesetzte Mieten in einem niederschlagsarmen Gebiet) und der Begriff der „Kontrollierbarkeit" sich nicht auf festliegende Parameter bezieht. Zudem kann bei kleineren Anlagen (wiederum ohne genaue Definition der Größe, wahrscheinlich, in Anlehnung an

Kapitel 6, Anlagen < 5000 Mg/a Durchsatz) auf eine geschlossene Betriebsweise verzichtet werden, wenn eine Beeinträchtigung der Nachbarschaft sowie der Qualität des erzeugten Produktes nicht zu erwarten ist.

Die Anforderungen des Arbeitsschutzes bzgl. Pilzsporen, Gerüchen und anderen schädlichen Gasen bedingen in geschlossenen Rottehallen einen vollautomatischen Betrieb ohne den dauerhaften Aufenthalt von Personal und haben auch sicher Auswirkungen auf das Abfall- und Komposthandling mit Radladern (z.B. klimatisierte Fahrerkabine) oder die Ausgestaltung von Grobaufbereitungs- und Kompostkonfektionierungsteil (z.B. Kapselung von Einzelaggregaten), wobei anzumerken ist, daß diese Maßnahmen bereits seit Jahren zum Stand der Technik zu zählen sind und nicht erst seit Einführung der TASi angewandt werden.

Für alle Bestimmungen des Abschnitts 5.4.1 der TASi und damit auch für die Kapitel 7.1 und 7.2 gilt, daß bei reinen Pflanzenkompostierungsanlagen (Grünschnitt) von den Anforderungen abgewichen werden darf. Auch die Auslegung dieser Ausnahmeregelung wird nicht weiter eingeengt, so daß hier ebenfalls genügend Diskussionsstoff für das Genehmigungsverfahren vorhanden ist, zumal nicht einzusehen ist, wieso z.B. die Emissionen einer Grüngutkompostierung (Gerüche, Abwässer) im Vergleich zu Bioabfallanlagen gleicher Größe (die ja in der Regel auch große Grüngutanteile verarbeiten) um so viel geringer sein sollen, daß kein Regelungsbedarf besteht.

5 Vergärung

Den anaeroben Verfahren wird in der TASi weit weniger Raum gegeben, als dies bei der Kompostierung der Fall ist. Prinzipiell gelten jedoch dieselben Vorgaben.

So sollen auch hier die bereits beschriebenen Maßnahmen zur Abfallsammlung und -auswahl dazu dienen, die Qualitätsanforderungen an Gärrest (in der TASi als „Schlamm" bezeichnet) und Gas zu erfüllen (Fremd- und Schadstoffentfrachtung). Welche Qualitäten allerdings zu fordern sind, wird nicht ausgeführt; nur die Verwendbarkeit der Endprodukte ist maßgeblich.

Die Anforderungen an die Anlagenerrichtung und den Anlagenbetrieb sind in den Kapiteln 5.4.2 und 7 der TASi beschrieben. Über die für Kompostierungsanlagen vorgeschriebenen Randbedingungen hinaus ist für Vergärungsanlagen zu beachten, daß

– Einrichtungen für Gas- und Gärrestbehandlung vorzusehen sind (5.4.2.2.1);
– der Betrieb des Gärteils strikt anaerob gefahren wird (5.4.2.2.1);
– das erzeugte Gas bei der internen energetischen Nutzung in
  Feuerungsanlagen, Verbrennungsmotoren und Gasturbinen die
  Anforderungen der 1. BImSchV (Kleinfeuerungsanlagen) vom 15. Juli 1988

und der TA Luft vom 27. Februar 1986 erfüllen muß (5.4.2.2.2);
- die Explosionssicherheit gewährleistet sein muß (5.4.2.2.3);
- die Prozeßabwässer, Sickerwässer aus der Nachbehandlung (Kompostierung) des Gärrestes und die Abwässer aus der Gärrestentwässerung sicher aufzufangen sind und einer prozeßinternen Wiederverwendung zugeführt werden sollen (5.4.2.2.4);
- die festen Reststoffe (Auslesereste, Siebreste) und Rückstände (Gärrest in flüssiger oder entwässerter Form) vorrangig zu verwerten und Absetzrückstände aus der Sickerwassererfassung dem Prozeß wieder zuzuführen sind (5.4.2.2.5).

Bleibt anzumerken, daß sich die strikt anaerobe Verfahrensweise wohl nur auf den reinen Gärteil beziehen kann, da bekanntlich ein (mehrmaliger) Wechsel zwischen aerobem und anaerobem Milieu für den Fortschritt des Abbaugeschehens nur förderlich ist.

Insgesamt betrachtet bietet die TASi für die Planung und Errichtung von Vergärungsanlagen kaum konkrete Hilfestellungen und Vorschriften, die über bereits bekannte technische Lösungen bzw. vorliegende Regelwerke hinausgehen.

6 Generelle Organisation, Personal und Dokumentation

Ein eigener Abschnitt der TASi (Kapitel 6) beschäftigt sich nur mit den Anforderungen an die Organisation und das Personal von Abfallentsorgungsanlagen sowie an die Information und Dokumentation; „unbedeutende" Anlagen (kleiner als 5000 Mg/a Durchsatz und weniger als sechs Mitarbeiter oder in engem räumlichem und betrieblichem Zusammenhang mit einer Produktionsanlage) sind allerdings hiervon ausgenommen. Alle Betreiber von Abfallverwertungsanlagen sind darüber hinaus ohne Einschränkung über die Durchsatzleistung nach Abschnitt 5.5 der TASi dazu verpflichtet, jährlich folgende Informationen zur Verfügung zu stellen (Verwertungsbericht):

- Angaben über Menge und Zusammensetzung des Inputmaterials,
- Angaben über Menge, Zusammensetzung und Qualität der gewonnenen Wertstoffe (hier: Kompost und Gas),
- Angaben über den Verbleib der gewonnenen Wertstoffe (hier: Kompost),
- Einschätzung der Absatzsicherheit,
- Angaben über die Menge und den Verbleib des restlichen Abfalls.

Dies bedeutet für die Praxis, daß detaillierte Jahresberichte zu erstellen sind, die alle diese Angaben enthalten. Größere Anlagen (> 5000 Mg/a Durchsatz) sind zusätzlich dazu verpflichtet,

- eine *Betriebsordnung* zu erstellen, die den Ablauf und Betrieb der Anlage regelt;
- vor Inbetriebnahme der Anlage ein *Betriebshandbuch* zu erstellen, das fortzuschreiben ist und alle Maßnahmen für den Normalbetrieb, die Instandhaltung, Betriebsstörungen, die Betriebssicherheit, zur Kontrolle, zur Informations- und Dokumentationspflicht und zur ordnungsgemäßen Entsorgung der Abfälle der Anlage enthält sowie die Aufgaben und Verantwortlichkeiten des Personals festlegt;
- ein *Betriebstagebuch* zu führen, das ebenfalls vor der Inbetriebnahme einzurichten ist und insbesondere Daten über die angenommenen Abfälle, die abgegebenen Wertstoffe und Abfälle, Ergebnisse von stoff- und anlagenbezogenen Kontrolluntersuchungen (Eigen- und Fremdüberwachung), besondere Vorkommnisse (Betriebsstörungen), Betriebs- und Stillstandszeiten der Anlage, Art und Umfang von Bau- und Instandhaltungsmaßnahmen sowie Annahme- und Entsorgungsbestätigungen und Nachweisbücher nach der Abfall- und Reststoffüberwachungsverordnung vom 3. April 1990 (AbfRestÜberwV) enthält.

Zudem sind größere Störungen des Betriebes (z.B. Anlagenstillstand) und eine Jahresübersicht aus dem Betriebstagebuch (ohne Kontrolluntersuchungen, Bau- und Instandhaltungsmaßnahmen und Daten gemäß AbfRestÜberwV) jährlich zu erstellen und zum Ende des ersten Quartals des Folgejahres der zuständigen Behörde vorzulegen. Dies überschneidet sich mit dem Verwertungsbericht, der ja von allen Anlagenbetreibern zur Verfügung zu stellen ist, erweitert um Betriebsangaben (Störungen, Stillstand).

Für größere Anlagen (> 5000 Mg/a Input) ist die Aufbauorganisation der Abfallentsorgungsanlage in einem Organisationsplan (Bestandteil des Betriebshandbuches) darzustellen, und es soll mindestens eine, von den übrigen Einheiten auch personell getrennte, Organisationseinheit „Kontrolle" eingerichtet werden, die alle in der TASi genannten betrieblichen Überwachungsfunktionen veranwortlich übernimmt.

Auch ist in größeren Anlagen die Ablauforganisation so zu regeln, daß eine Annahmekontrolle mit

- Mengenermittlung nach Gewicht,
- Feststellung der Abfallart,
- Sichtkontrollen

durchgeführt wird, deren Ergebnisse im Betriebstagebuch aufzunehmen sind.

Zum in der Anlage eingesetzten Personal vermerkt die TASi im Abschnitt 6.3 lapidar, daß es jederzeit in ausreichender Anzahl vorhanden, qualifiziert sein und über Zuverlässigkeit, Fachkunde und (beim Leitungspersonal) auch Erfahrung verfügen muß.

Von allen vorstehend behandelten, im Kapitel 6 der TASi festgelegten Vorschriften kann im Einzelfall abgewichen werden, „wenn diese aufgrund besonderer Umstände nicht angemessen erscheinen". Bleibt abzuwarten, wie z.B. einzelne Genehmigungsbehörden das vorliegende Regelwerk TASi auslegen, und welche der darin genannten Kontroll- und Überwachungselemente nicht vom Betreiber einer biologischen Abfallbehandlungsanlage gefordert werden, zumal die meisten der genannten Regelungen bereits zum Genehmigungsalltag gehören.

7 Zusammenfassung und Ausblick

Zusammenfassend ist festzustellen, daß die TASi bezüglich der Planung und Ausgestaltung von Anlagen zur biologischen Abfallbehandlung wenig Neues, aber die Festschreibung bereits gängiger Verfahrensweisen bringt. Als Konsequenzen für die Entsorgungspflichtigen bleiben festzuhalten, daß

- eine Beschleunigung der politischen Entscheidungen vorgenommen werden muß im Hinblick auf die jeweiligen landespolitischen Vorgaben, die Abstimmung mit benachbarten entsorgungspflichtigen Gebietskörperschaften und die Organisationsform von Planung, Bau und Betrieb (in privater und öffentlicher Hand);
- die Realisierung von Kompostwerken, Vergärungsanlagen bzw. Kombinationsanlagen forciert werden muß mit allen Konsequenzen hinsichtlich der Finanzierung und für Planunng, Genehmigung und Bau;
- die Rahmenbedingungen für die Durchführung der abfallwirtschaftlichen Maßnahmen bzgl. der biologischen Verwertung von Abfällen festzulegen sind, wie z.B.
    - Anpassung der Abfallsatzungen,
    - Abgrenzung zwischen Abfall/Wertstoff/Wirtschaftsgut,
    - Festlegung der Grenzen der Zumutbarkeit,
    - Festlegung des Gebührenmaßstabes unter Beachtung der Sozialverträglichkeit und der Differenzierungsmöglichkeiten nach Abfallart und -menge (nach Bonus-/Malus-System),
    - Fortschreibung bzw. Erstellung eines Abfallwirtschaftskonzeptes einschließlich der Maßnahmen zur Öffentlichkeitsarbeit,

– Standorte für die zu errichtenden Behandlungsanlagen zu finden und auszuweisen sind, unter Berücksichtigung der Akzeptanz der Verfahren in der Bevölkerung, der Transportwege und der Möglichkeit von Verbundlösungen.

All dieses bedeutet auf jeden Fall eine weitere Erhöhung der Behandlungs- und Entsorgungskosten und damit der Abfallgebühren, wobei eine bundesweite Angleichung der Standards wahrscheinlich nicht zu regionalen Auswirkungen auf das Wirtschafts- und Sozialgefüge (z.B. Gewerbeansiedlung) führen wird.

Literatur

Henselder-Ludwig R (1993) TA Siedlungsabfall, Textausgabe mit einer Einführung, Anmerkungen und ergänzenden Materialien, Bundesanzeiger. Köln

Abfallwirtschaftskonzept – Was gehört hinein?

Frank Bickel

Die Beantwortung dieser Frage läßt sich vor allem aus den entsprechenden gesetzlichen Vorgaben und den sich daraus ergebenden Zielsetzungen ableiten.

1 Gesetzliche Grundlagen

Hier ist zunächst das **Abfallgesetz (AbfG)** des Bundes zu nennen, in dem für die entsorgungspflichtigen Körperschaften die Verpflichtung zur Vermeidung, Verwertung und umweltgerechten Ablagerung von Abfällen festgeschrieben ist. Im Abfallgesetz ist weiterhin vorgesehen, daß anhand einzelner Rechtsverordnungen (VO) und Verwaltungsvorschriften weitere Einzelheiten festgelegt werden können. Als Beispiel ist hier die **Verpackungsverordnung** zu nennen, die in jüngster Zeit die Entwicklung der Abfallwirtschaft wesentlich beeinflußt hat, ebenso wie die Dritte Allgemeine Verwaltungsvorschrift zum Abfallgesetz (**TA Siedlungsabfall**).

Weiterhin ist im Abfallgesetz festgelegt, daß die Bundesländer Abfallentsorgungspläne aufstellen bzw. weitere Regelungen in den Landesgesetzen vorsehen. Dementsprechend ist beispielsweise im **Landesabfallgesetz (LAbfG)** Baden-Württemberg vorgegeben, daß die entsorgungspflichtigen Körperschaften (Landkreise, kreisfreie Städte) verpflichtet sind, Abfallwirtschaftskonzepte aufzustellen und fortzuschreiben. Jährlich ist eine Bilanz über die angefallenen Abfälle sowie ihre Entsorgung vorzulegen.

Im Landesabfallgesetz Baden-Württemberg sind als allgemeine Grundsätze, die jeder einzuhalten hat, vorgegeben:

– das Entstehen von Abfällen zu vermeiden,
– die Menge der Abfälle zu vermindern,
– die Schadstoffe in Abfällen gering zu halten,
– zur stofflichen Verwertung der Abfälle beizutragen.

Dementsprechend ist festgelegt, daß in einem Abfallwirtschaftskonzept insbesondere darzustellen sind:

- die Ziele der Abfallvermeidung und -verwertung,
- die Maßnahmen zur Abfallvermeidung,
- die Methoden, Anlagen und Einrichtungen der Abfallverwertung und der sonstigen Abfallentsorgung.

In einem Rahmenabfallwirtschaftskonzept (Stand 1990) wird eine inhaltliche Gliederung vorgegeben:

1. Zielsetzung
2. Struktur des Entsorgungsgebietes
3. Abfalldaten
4. Öffentlichkeitsarbeit
5. Abfallvermeidung
6. Abfallverwertung
7. Reststoffablagerung
8. Entsorgungssicherheit
9. Organisation und Betrieb
10. Kosten- und Gebührenschätzung
11. Darstellung des Abfallwirtschaftskonzeptes in einem Fließschema
12. Anhang

Erwähnenswert ist in diesem Zusammenhang auch, daß im Entwurf der TA Siedlungsabfall, allerdings nicht mehr in der verabschiedeten Fassung, auch auf die Bedeutung von „intergrierten" Abfallwirtschaftskonzepten hingewiesen wird. Für ein integriertes Abfallwirtschaftskonzept wurde die folgende Definition gegeben:

Konzept zur Abfallentsorgung, das sich auf das Gebiet einer entsorgungspflichtigen Körperschaft bezieht, mit dem Ziel der möglichst weitgehenden Abfallvermeidung und der stofflichen Verwertung von Siedlungsabfällen; die hierfür erforderlichen Maßnahmen sind so mit den Verfahren zur Sammlung, zum Transport, zur Behandlung und zur Ablagerung zu koordinieren, daß die Entsorgungssicherheit sowie ein Höchstmaß an Umweltverträglichkeit gewährleistet werden können.

Weiterhin wurde ausgeführt:

Zur Bewältigung der Abfallproblematik ist ein zukunftsorientiertes integriertes Abfallwirtschaftskonzept erforderlich. Dies bedeutet, daß für die unterschiedlichen Arten von Siedlungsabfällen ein aufeinander abgestimmtes und miteinander verknüpftes System an Verfahren und Techniken

- zur Vermeidung,
- zur Schadstoffentfrachtung,
- zur stofflichen Behandlung,

- zur Behandlung stofflich nicht verwertbarer Abfälle und
- zur umweltverträglichen Ablagerung vorhandener Abfälle

angewandt werden soll.

Dabei dient die empfohlene Aufstellung eines integrierten Abfallwirtschaftskonzeptes u. a. dem Nachweis des Vorranges der Vermeidung und der Verwertung vor der umweltverträglichen Entsorgung.

Beim integrierten Abfallwirtschaftskonzept soll als Grundlage der Planungen eine umfassende Bestandsaufnahme der regionalen Bedingungen durchgeführt werden. Diese umfaßt die Erhebung der regionalen Entsorgungsstruktur, die Erhebung der anfallenden Abfallarten, -mengen, und -zusammensetzungen sowie Art und Menge bereits erfaßter Wertstoffe oder schadstoffhaltiger Produkte bis hin zur Darstellung bestehender regionaler Absatzmöglichkeiten für Wertstoffe. Daneben sollen Vermeidungsmöglichkeiten für Abfälle oder Abfallfraktionen aufgezeigt und Verwertungspotentiale sowie bestehende und geplante Abfallbehandlungskapazitäten zusammengestellt werden.

In diesem Entwurf war weiterhin ein Anhang vorgesehen, in dem Anforderungen an die Aufstellung von intergrierten Abfallwirtschaftkonzepten festgelegt waren. Dies hätte zu einem bundeseinheitlichen Standard und zu einer Vergleichbarkeit der Konzepte geführt, die derzeit nicht gegeben ist.

2 Ziele eines Abfallwirtschaftskonzeptes

Die Zielsetzungen und Aufgaben der Abfallwirtschaft werden immer komplexer, und die Zusammenhänge sind immer schwerer zu überschauen. Dementsprechend ist ein Abfallwirtschaftskonzept auch als ein Instrument zu sehen, mit dem diese Zusammenhänge für ein definiertes Entsorgungsgebiet dargestellt und begründet werden können.

Das Abfallwirtschaftskonzept hat somit die Aufgabe, die einzelnen Schritte zur Umsetzung und Erreichung der gesetzlich vorgegebenen Zielsetzungen festzulegen und insgesamt zu koordinieren. Soweit möglich, sind Varianten gegenüberzustellen, und Festlegungen sind zu begründen, so daß für die zuständigen politischen Gremien eine Entscheidungsgrundlage vorgegeben wird. Entsprechend den politischen Beschlüssen kann dann das Konzept für einen festgelegten Zeitraum festgeschrieben werden.

Das politisch verabschiedete Konzept ist dann für die Verwaltung als Arbeitsgrundlage zu sehen, aus der sich die einzelnen Maßnahmen ableiten lassen, die zur Umsetzung notwendig sind. Gleichzeitig kann das Abfallwirtschaftskonzept dazu dienen, im Rahmen der Öffentlichkeitsarbeit die Zusammenhänge der einzelnen Maßnahmen verständlich zu machen und eine größere Akzeptanz zu erreichen.

Daraus ergibt sich neben den inhaltlichen Zielen mit der Gestaltung des Konzeptes ein weiterer wichtiger Aspekt. Das Konzept insgesamt sollte übersichtlich, schlüssig und nachvollziehbar aufgebaut sein, so daß für jede einzelne Maßnahme der Gesamtzusammenhang hergeleitet werden kann.

In Abb. 1 sind beispielhaft die Zusammenhänge eines Abfallwirtschaftskonzeptes dargestellt. In vertikaler Richtung sind für die einzelnen Abfallarten (Haushaltsabfälle, Gewerbeabfälle, Baurestmassen, Klärschlamm) die einzelnen Maßnahmenstufen (Vermeidung, Sammlung/Erfassung, Verwertung, Behandlung, Ablagerung) dargestellt. Anhand dieser Darstellung läßt sich das Abfallwirtschaftskonzept in „Teilkonzepte" für die einzelnen Abfallarten unterteilen und auch beschreiben.

3 Gliederung des Konzeptes

3.1 Grundlagen

Eine Voraussetzung für die Aufstellung eines Konzeptes ist eine möglichst weitgehende Erfassung des Ist-Zustandes. Dabei spielt neben der Bilanzierung der Abfallmengen die möglichst umfassende Kenntnis der Zusammensetzung der einzelnen Abfallarten eine bedeutende Rolle. Nur über die Kenntnis der Zusammensetzung, die über Sichtungen und Sortieranalysen ermittelt werden kann, lassen sich die Verwertungs- und Vermeidungspotentiale abschätzen. Im Bereich der Haushaltsabfälle zeigt beispielsweise die Zusammensetzung des Restmülls den Erfolg der getrennten Sammlung bzw. gibt sie an, welche zusätzlichen Mengen noch abgeschöpft werden können.

Neben diesen „Abfalldaten" sind weitere statistische Daten wie Entwicklung der Einwohnerzahlen, Bevölkerungs- und Bebauungsstruktur, Gewerbestruktur, wirtschaftliche Entwicklung als Grundlagen und Randbedingungen des Entsorgungsgebietes aufzuführen. Aus diesen Daten lassen sich für die einzelnen Abfallarten Prognosen für die zukünftige Entwicklung der Abfallmengen ableiten und abschätzen.

Weiterhin sollte eine Beschreibung der Organisationsform der für die Abfallwirtschaft zuständigen Verwaltung und der Ablauf der Beschlußfassung in den politischen Gremien an den Anfang gestellt werden.

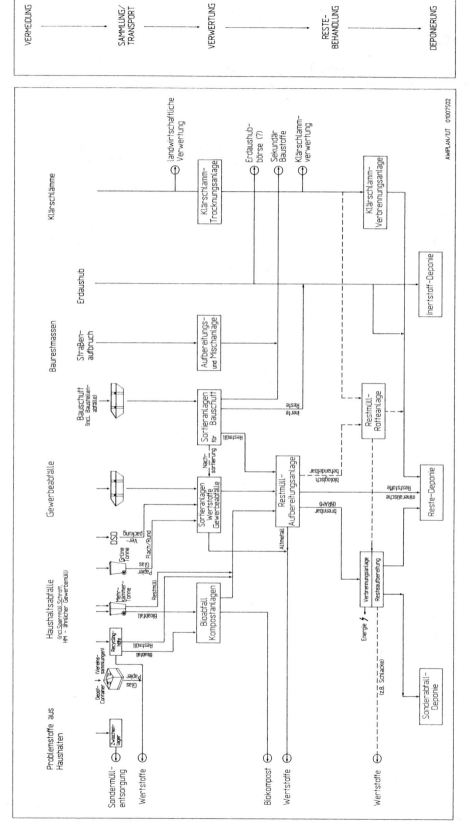

Abb. 1. Abfallwirtschaftskonzept des Kreistages für den Landkreis Ludwigsburg

3.2 Öffentlichkeitsarbeit

Aufgrund des entscheidenden Einflusses auf die Umsetzung eines Konzeptes sollte die Bedeutung der Öffentlichkeitsarbeit in einem eigenen Kapitel am Anfang des Konzeptes beschrieben werden.

Besonders im Rahmen des vielschichtigen und schwierigen Bereichs der Abfallvermeidung, die an erster Stelle aller abfallwirtschaftlichen Aktivitäten steht, kommt der Öffentlichkeitsarbeit als bewußtseinsbildender Maßnahme eine tragende Rolle zu.

Grundlage der Öffentlichkeitsarbeit ist die jeweils aktuelle Fortschreibung des Abfallwirtschaftskonzeptes. Die darin festgelegten abfallwirtschaftlichen Umsetzungsschritte sollten mit Hilfe verschiedener Informationsmedien der Öffentlichkeit übermittelt werden.

Die Öffentlichkeitsarbeit sollte alle Ebenen der Abfallwirtschaft begleiten. Der ständige Informationsfluß zwischen der zuständigen Verwaltung und den „Abfallerzeugern" ist ein Garant dafür, daß die Umsetzung des Abfallwirtschaftskonzeptes erfolgreich betrieben werden kann.

Die einzelnen notwendigen Maßnahmen sollten in Verbindung mit der jeweiligen Abfallart beschrieben und festgelegt werden.

3.3 Teilkonzepte

Ausgehend von der Darstellung in Abb. 1 kann für jede Abfallart ein „Teilkonzept" abgegrenzt werden. Die Zusammenfassung eines solchen Teilkonzeptes – in diesem Fall „Sachkonzept" genannt – ist in einer Übersicht in Abb. 2 dargestellt.

Ausgehend von den gesetzlichen Vorgaben und spezifischen Randbedingungen läßt sich für jedes Teilkonzept eine Zielvorgabe formulieren. Nach einer Gegenüberstellung mit dem Ist-Zustand können die Maßnahmen festgelegt werden, die zukünftig noch durchzuführen sind, um das Ziel zu erreichen. Entsprechend dem Umfang der einzelnen Maßnahmen können Zeit- und Kostenpläne für die Teilkonzepte entwickelt werden.

In diese Teilkonzepte sollten auch die jeweils spezifischen Maßnahmen der Öffentlichkeitsarbeit sowie Vermeidungsaspekte aufgenommen werden. Dementsprechend können alle notwendigen Maßnahmen, die zum Erreichen der Zielsetzung notwendig sind, für jede Abfallart übersichtlich und nachvollziehbar dargestellt werden. Letztendlich lassen sich aus einer zunächst nur grob umrissenen Übersicht detaillierte Arbeitspläne entwickeln, die jeden einzelnen Arbeitsschritt vorgeben.

	SACHKONZEPT FÜR BIOABFÄLLE
Ziele:	**Reduzierung des organischen Anteils im Restmüll** durch kreisweite Einführung der Biomüllsammlung und Kompostierung in dezentralen Anlagen sowie durch Förderung der Abfallvermeidung.
IST-Zustand:	- Biomüllsammlung für 120.000 Einwohner; - zwei Kompostanlagen in Betrieb; - eine Kompostanlage in Planung; - Förderung der Eigenkompostierung.
Künftige Maßnahmen:	- Verbesserung der Biomüllqualität durch gezielte Öffentlichkeitsarbeit; - Standortsicherung und Planung für drei weitere Kompostanlagen; - weitere Ausdehnung der Biomüllsammlung entsprechend der Inbetriebnahme weiterer Kompostanlagen; - Kontrolle der Biomüllsammlung (Sortieranalysen).
Zeitplan:	- Inbetriebnahme der Erweiterung der Kompostanlage "Hofgut Mauer" bis Frühjahr 1994; - Inbetriebnahme der Kompostanlage Sersheim bis Ende 1994 - Standortsicherung der Kompostanlagen Nord und Mitte bis Herbst 1993 und anschließende Planung dieser Anlagen.

Abb. 2. Sachkonzept für Bioabfälle

Diese Teilkonzepte können folgendermaßen gegliedert werden:

- Hauhaltsabfälle
    - Restmüll,
    - Bioabfälle/Grünabfälle,
    - Wertstoffe,
    - Problemstoffe;
- Gewerbeabfälle;
- Baurestmassen und Baustellenabfälle;
- Klärschlamm.

Alle Teilkonzepte münden in die Restmüll- und Restebehandlung bzw. Resteablagerung.

3.4 Restmüllbehandlung

Alle innerhalb der einzelnen *Sachkonzepte* festgelegten Maßnahmen der *Abfallvermeidung* und *Abfallverwertung* verringern die absolute Abfallmenge auf eine noch zu behandelnde *Restmüllmenge*. Diese Restmüllmenge ist direkt abhängig von den Vermeidungs- und Verwertungsquoten, die sich für die einzelnen Abfallarten erreichen lassen. Die zu behandelnde Restmüllmenge setzt sich aus den *nicht verwertbaren* Anteilen der einzelnen Abfallarten zusammen:

- dem Restmüll aus den Haushalten,
- dem Sperrmüll,
- den Gewerbeabfällen bzw. Sortierresten aus Sortieranlagen,
- den Baurestmassen bzw. Resten aus Sortieranlagen für Baurestmassen,
- den Resten aus Kompostanlagen,
- den Resten aus Sortieranlagen für Wertstoffe und Verpackungen,
- den Klärschlämmen.

Der verbleibende Restmüll ist langfristig zu entsorgen, wobei die Ablagerung der Reste in einer Deponie künftig an strenge Auflagen gebunden ist. Entsprechend der **Technischen Anleitung (TA) Siedlungsabfall** sind die abzulagernden Abfälle so zu behandeln, daß in der Deponie keine nennenswerten biologischen und chemischen Reaktionen mehr stattfinden. Dieser richtungsweisende Ansatz kann nur unter Einbeziehung der *Vorbehandlung des Restmülls* erfüllt werden.

Für diese Vorbehandlung stehen im Prinzip die Verfahren der mechanischen Aufbereitungstechnik sowie biologische und thermische Verfahren zur Verfügung. Bei strikter Anwendung und Auslegung der TA Siedlungsabfall sind die biologisch-mechanischen Verfahren („kalte Verfahren") jedoch nur in Kombination mit thermischen Verfahren einsetzbar.

Bei der Restmüllbehandlung ist auch jeweils zu prüfen, ob eine regionale Zusammenarbeit mit benachbarten Entsorgungsgebieten möglich ist. Die entsprechenden Möglichkeiten sind zu prüfen und die Vor- und Nachteile aufzuzeigen, so daß eine politische Beschlußfassung möglich ist.

Gerade dieser Teil des Abfallwirtschaftskonzeptes, die Restmüllbehandlung, wird derzeit am häufigsten auch in der Öffentlichkeit diskutiert, und dementsprechend kommt diesem Kapitel besondere Bedeutung zu.

3.5 Transportkonzept

Das Transport- oder auch Standortkonzept stellt eine Übertragung des in Abb. 1 gezeigten Schemas auf die geographische Situation des Entsorgungsgebietes dar.

Entsprechend den Festlegungen und Zielsetzungen in den Teilkonzepten und für die Restmüllbehandlung ergibt sich eine Anzahl von abfallwirtschaftlichen Anlagen und Einrichtungen. Für die einzelnen Anlagen sind Standorte oder mögliche Standortbereiche anzugeben.

Von Bedeutung sind auch die Transportbeziehungen zwischen diesen Standorten, aus denen sich in Abhängigkeit von den jeweiligen Mengenströmen die Verkehrszahlen abschätzen lassen. Die Verkehrsbelastung wird im Rahmen von Genehmigungsverfahren häufig von Standortgegnern diskutiert, so daß ein Hinweis auf die Verteilung der Verkehrsströme im gesamten Entsorgungsgebiet hilfreich sein kann.

3.6 Entsorgungssicherheit

In einem abschließenden Kapitel ist die Entsorgungssicherheit zu belegen. In erster Linie betrifft dies den Nachweis von ausreichend verfügbaren Deponie- und Anlagenkapazitäten. Weiterhin ist die gesicherte Vermarktung der abgeschöpften Wertstoffe zu belegen, ebenso wie die Verwertungswege für Kompost. Anhand von Kosten- und Zeitplänen ist die Wirtschaftlichkeit des Gesamtkonzeptes darzustellen.

4 Fortschreibung des Konzeptes

In Abhängigkeit vom Stand der Umsetzung des Konzeptes können im Rahmen von Fortschreibungen unterschiedliche Schwerpunkte gesetzt werden. Eine Fortschreibung des Konzeptes ist immer dann erforderlich, wenn grundsätzliche Änderungen oder Ergänzungen vorgenommen werden müssen.

Dies ist vor allem dann der Fall, wenn neue Verordnungen oder Erlasse in Kraft treten und berücksichtigt werden müssen. Dementsprechend muß ein Abfallwirtschaftskonzept flexibel sein und immer wieder fortgeschrieben und an neue Randbedingungen angepaßt werden.

Restmüll – Was ist das?

Werner Bidlingmaier, Ludwig Streff

1 Exposition

Die TA Siedlungsabfall hat einen Begriff geboren, der in der Anleitung selbst nicht definiert ist. Aus den Zuordnungskriterien für die Ablagerung läßt sich jedoch ableiten, daß unter Restmüll alle die Abfälle zu verstehen sind, die nicht im Vorfeld der Deponie einer Verwertung zugeführt werden können.

Wird das Abfallgeschehen in einem Siedlungsraum betrachtet, so müssen im wesentlichen in die Überlegungen einbezogen werden:

– der Hausmüll,
– der Sperrmüll,
– der Gewerbeabfall,
– die Grünabfälle,
– die Klärschlämme,
– der Bauschutt,
– der Erdaushub.

Um die Inhaltsstoffe und vor allem die daraus resultierenden Behandlungsmöglichkeiten aufzuzeigen, wird exemplarisch der Hausmüll dargestellt. Alle Daten basieren auf Originalwerten aus dem Landkreis Ludwigsburg (s. Abb. 1 und Tabelle 1).

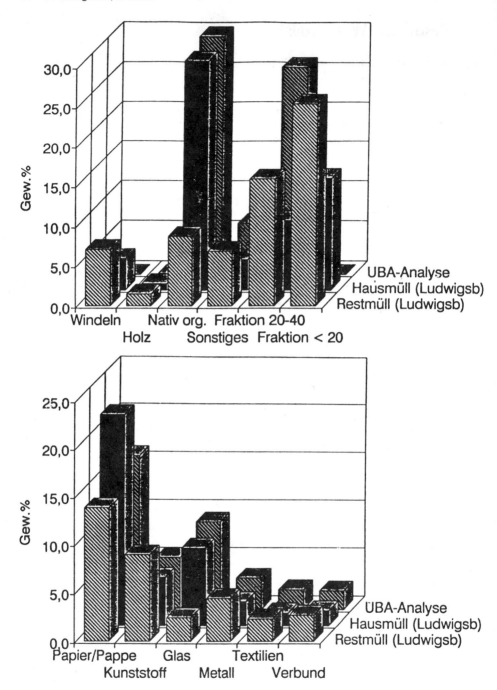

Abb. 1. Ludwigsburger Haus- und Restabfälle im Vergleich

Tabelle 1. Ludwigsburger Haus- und Restabfälle im Vergleich

Stoffgruppe	Zusammensetzung					
	Hausmüll unsortiert		Restmüll		UBA-Bundeshausmüllanalyse 1985	
	Gew.%	kg/E*a	Gew.%	kg/E*a	Gew.%	kg/E*a
Papier/Pappe	21,9	70,8	13,8	24,5	16,0	36,8
Kunststoff	4,9	15,8	8,9	15,8	5,4	12,4
Glas	8,0	25,9	2,4	4,3	9,1	20,9
Metall	2,4	7,8	4,4	7,8	3,2	7,4
Textilien	1,3	4,1	2,3	4,1	2,0	4,6
Verbund	1,5	4,8	2,7	4,8	1,9	4,4
Windeln	3,9	12,6	7,1	12,6	-	-
Holz	0,8	2,7	1,5	2,7	-	-
Nativ org.	28,8	92,9	8,7	15,4	29,9	68,8
Sonstiges	3,8	12,2	6,9	12,2	6,4	14,7
Fraktion 20-40	8,7	28,1	15,9	28,1	26,1	60,0
Fraktion < 20	14,0	45,1	25,4	45,1	-	-
Gesamt	100,0	322,8	100,0	177,4	100,0	230,0

2 Zusammensetzung des Hausmülls

Im betrachteten Gebiet steht dem Bürger eine Wertstofftonne zur Erfassung von Papier und Glas sowie ein MEKAM-Behälter zur getrennten Sammlung von Bioabfall und Hausmüll zur Verfügung.

Die Papierabfälle reduzierten sich von ursprünglich 71 kg pro Einwohner und Jahr auf ein Drittel, was einer Erfassungsquote von 66 % entspricht. Durch die getrennte Papiersammlung wurde eine Abnahme des Hausabfallaufkommens von rund 15 Gew.% erreicht.

Für die Stoffgruppe Glas ließ sich, verglichen mit dem Papier, ein um 25 % höherer Erfassungsgrad von 83 % verzeichnen. Von anfänglich 26 kg/E/a im unsortierten Hausabfall sank das Gewicht der Glasabfälle auf rund 4 kg/E/a. Die Hausabfallmenge reduzierte sich um zusätzliche 7 Gew.%.

Vergleichbar mit dem Glas konnte durch die MEKAM-Tonne ebenfalls ein Erfassungsgrad von 83 % für die Bioabfälle festgestellt werden. Von rund 93 kg Bioabfällen pro Einwohner und Jahr im ungetrennten Hausabfall waren nur noch 15,4 kg/E/a im Restabfall zu finden. Eine weitere Reduktion der Abfallmenge um 23 Gew.% auf insgesamt 45 Gew.% war zu verzeichnen.

Für die Zusammensetzung der Restabfälle läßt sich im Vergleich zum unsortierten Hausabfall für alle nicht getrennt erfaßten Stoffgruppen eine Anteilszunahme verzeichnen. Erklärbar ist dies durch die gleichbleibende Abfallmenge dieser Stoffgruppen bei gleichzeitig sinkender Abfallmenge für Glas, Papier und Bioabfall.

Tabelle 2 zeigt die Aufteilung des Restabfalls in abbaubare organische Substanz (AOS), nicht abbaubare organische Substanz (NOS) und mineralische Substanz (MS) (s. auch Abb. 2). Bedingt durch die Sortieranalyse fielen 3 Fraktionen an (> 40 mm, 40-20 mm, < 20 mm).

Die Siebfraktion > 40 mm besteht aus den drei Teilen AOS, NOS und MS, wobei die organische Substanz mit einem Anteil von 76 Gew.% deutlich überwiegt gegenüber dem mineralischen Teil dieser Siebfraktion. Der abbaubare und der nicht abbaubare Anteil stehen im Gewichtsverhältnis 3:2.

Für 20 Gew.% der Windeln wurde angenommen, sie seien abbaubar. Die restlichen 80 Gew.% verbleiben bei der NOS. Holz als biologisch schwer zersetzbare Substanz wurde zu 50 Gew.% dem nicht abbaubaren Teil zugerechnet. Für den Kartonverbund wurde angenommen, daß er zu 70 Gew.% aus Pappe und zu 30 Gew.% aus Aluminium und/oder Polyethylen besteht. Von den Textilien sind 50 Gew.% der NOS zugeordnet worden (Kunstfasern etc.). Entsprechend wurden die Gewichtsanteile dieser Sortierfraktion den Gruppen AOS und NOS zugewiesen.

In der Siebfraktion 20–40 mm und in der Fraktion < 20 mm ist von einem 90%-Anteil der AOS an der organischen Substanz auszugehen (Basis: Trockensubstanz TS). Der Anteil dieser beiden Fraktionen an der abbaubaren Substanz sowie die mineralischen Anteile, bezogen auf die Menge der MS, beträgt etwa 50 Gew.%.

3 Organische Substanz

Für die Beurteilung hinsichtlich einsetzbarer Behandlungsverfahren ist der Glühverlust (GV) als Maß für die organische Substanz (OS) ein ausschlaggebendes Kriterium. Es wurde daher ein rechnerischer Ansatz aufgestellt, um den Einfluß des Abbaugrades und des Verhältnisses von NOS und AOS herauszufiltern.

Zur Untersuchung der Glühverlustentwicklung bei variierender Abfallzusammensetzung bezüglich ihrer AOS-, NOS- und MS-Anteile wurden daher systematisch die Gewichtsanteile der AOS, NOS und MS verändert (s. Tabelle 3).

Tabelle 2. Basiswerte für das Ausgangsmaterial; die Sortierfraktion „Sonstiges" enthält nur mineralische Anteile

Siebfraktion	Basis:Siebfraktion >GESAMTMÜLL<	Zusammensetzung Gew.%	Durchschn. WG Gew.-%	Durchschn. GV Gew.-%
>40	Abbaubare organische Substanz (AOS):			
	Zeitschriften	2,7	26,0	81,0
	Papier,Pappe	2,8	26,0	80,0
	Schmutzpapier	8,3	37,0	79,0
	Nativ organisch	8,7	65,0	97,0
	20 % der Windeln	1,4	37,0	97,0
	70% des Kartonverbundes	1,0	15,0	80,0
	50% der Textilien	1,1	21,0	88,0
	50% des Holzes	0,7	15,0	90,0
	Sonstiges	0,0	0,0	0,0
	KLÄRSCHLAMM ORGANISCH	0,0	36,0	100,0
	Nicht abbaubare organische Substanz (NOS):			
	Kunststoffe, Folien	4,7	18,0	95,0
	Kunststoffe, hart	4,2	11,0	97,0
	30% des Kartonverbundes	0,4	15,0	81,0
	Sonstige Verbundstoffe	1,3	15,0	66,0
	80 % der Windeln	5,7	37,0	66,0
	50% der Textilien	1,2	21,0	88,0
	50% des Holzes	0,8	15,0	90,0
	Sonstiges	0,0	0,0	0,0
	Mineralischer Anteil (MS):			
	Glas	2,4	3,0	0,0
	Metall	4,4	3,0	0,0
	Sonstiges	6,9	20,0	0,0
	KLÄRSCHLAMM MINERALISCH	0,0	36,0	0,0
20 - 40	Organisch abbaubar	11,8	55,0	97,0
	Nicht organisch abbaubar	0,6	20,0	97,0
	Mineralischer Anteil	3,5	37,1	0,0
< 20	Organisch abbaubar	14,0	55,0	97,0
	Nicht organisch abbaubar	0,9	20,0	97,0
	Mineralischer Anteil	10,5	22,9	0,0
	Restmüll gesamt	100,0		
	Klärschlamm gesamt	0,0		
	Gesamt	100,0		

GV: Glühverlust
WG: Wassergehalt
AOS: Abbaubare organische Substanz
NOS: Nicht abbaubare organische Substanz

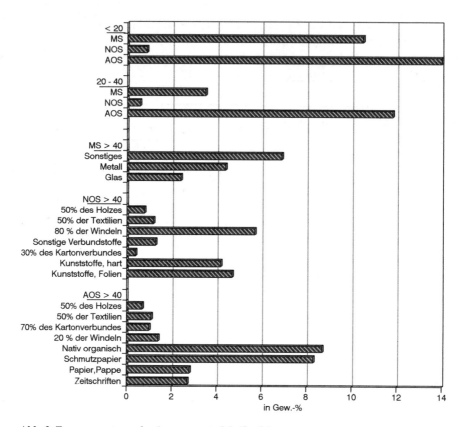

Abb. 2. Zusammensetzung des Ausgangsmaterials (feucht)

Mit einem AOS-Anteil von 0 Gew.% und den dadurch möglichen Variationsmöglichkeiten für NOS und MS wurde begonnen, mit einem AOS-Anteil von 100 Gew.% wurde die Betrachtung beendet. Die Veränderung der einzelnen Gewichtsanteile erfolgte in Schritten von 10 Gew.% (Beispiel: 30 Gew.% AOS, 50 Gew.% NOS, 20 Gew.% MS).

Grundlage für die Berechnungen sind durchschnittliche Glühverluste und Wassergehalte für den gesamten AOS-, NOS- bzw. MS-Anteil, ermittelt am Ludwigsburger Abfall.

Für den Anteil der AOS wurde ein durchschnittlicher GV von 85 Gew.% und ein Wassergehalt von 50 Gew.% bestimmt. Der durchschnittliche GV der NOS betrug wie bei der AOS 85 Gew.%, der Wassergehalt lag bei 21 Gew.%. Die Werte für den GV der MS lagen bei 0 Gew.%, ihr Wassergehalt betrug 19 Gew.%.

Neben diesen durchschnittlich ermittelten Glühverlusten und Wassergehalten wurden auch erhöhte bzw. erniedrigte Durchschnittswerte für Glühverluste und Wassergehalte der Anteile aus AOS, NOS und MS in Betracht gezogen.

Tabelle 3. Variationsmöglichkeiten der Gewichtsanteile aus AOS, NOS und MS

	Anteile am Gesamtabfall in Gew.% (x 10)										
AOS	0	0	0	0	0	0	0	0	0	0	0
NOS	10	9	8	7	6	5	4	3	2	1	0
mineralischer Anteil	0	1	2	3	4	5	6	7	8	9	10
AOS	1	1	1	1	1	1	1	1	1	1	
NOS	9	8	7	6	5	4	3	2	1	0	
mineralischer Anteil	0	1	2	3	4	5	6	7	8	9	
AOS	2	2	2	2	2	2	2	2	2		
NOS	8	7	6	5	4	3	2	1	0		
mineralischer Anteil	0	1	2	3	4	5	6	7	8		
AOS	3	3	3	3	3	3	3	3			
NOS	7	6	5	4	3	2	1	0			
mineralischer Anteil	0	1	2	3	4	5	6	7			
AOS	4	4	4	4	4	4	4				
NOS	6	5	4	3	2	1	0				
mineralischer Anteil	0	1	2	3	4	5	6				
AOS	5	5	5	5	5	5					
NOS	5	4	3	2	1	0					
mineralischer Anteil	0	1	2	3	4	5					
AOS	6	6	6	6	6						
NOS	4	3	2	1	0						
mineralischer Anteil	0	1	2	3	4						
AOS	7	7	7	7							
NOS	3	2	1	0							
mineralischer Anteil	0	1	2	3							
AOS	8	8	8								
NOS	2	1	0								
mineralischer Anteil	0	1	2								
AOS	9	9									
NOS	1	0									
mineralischer Anteil	0	1									
AOS	10										
NOS	0										
mineralischer Anteil	0										

Für die gesamte AOS und NOS wurde ein erhöhter durchschnittlicher GV von 90 Gew.% angenommen, der erniedrigte durchschnittliche GV wurde für AOS und NOS mit 80 Gew.% angesetzt.

Die Durchschnittswerte für Wassergehalte und Glühverluste der einzelnen Fraktionen wurden dem Bericht zur Mülluntersuchung im Landkreis Konstanz vom Oktober 1982 entnommen. In Tabelle 4 sind diese für die Siebfraktionen größer und kleiner 120 mm aufgeführt.

Folgende Annahmen wurden für die Zuordnung der durchschnittlichen Glühverluste und Wassergehalte der einzelnen Stoffgruppen getroffen:

- Zeitschriften, Kartonverbund, Holz, Textilien und die Fraktionen Kunststoffe, hart, wurden zu 100 % der Siebfraktion zugeteilt.
- Für Papier und Pappe wurde angenommen, sie seien zu 50 % größer und zu 50 % kleiner 120 mm.
- Schmutzpapier, Kunststoffolien, Glas und Metall wurden vollkommen der Fraktion kleiner 120 mm zugeordnet.
- Für den AOS-Anteil der Windeln wurde mit dem Glühverlust der nativ organischen Fraktion gerechnet. Der Wassergehalt wurde mit 37 Gew.% angenommen.
- Der Glühverlust der Verbundstoffe und des NOS-Anteils der Windeln wurde mit dem Durchschnittswert der gesamten organischen Stoffe bei 66 Gew.% gleichgesetzt.
- Der Wassergehalt der Verbundstoffe wurde dem des Papiers in der Fraktion > 120 mm zugeordnet.
- In der mineralischen Fraktion „Sonstiges", vorwiegend bestehend aus Farbdosen, Batterien und Spraydosen, wurde ein Wassergehalt von 20 Gew.% angenommen.
- Für die AOS- und NOS-Anteile der Fraktionen < 40 mm wurden Durchschnittswerte der AOS und NOS der Siebfraktion > 40 mm angenommen. Der Wassergehalt des mineralischen Anteils dieser Fraktionen wurde daraufhin rechnerisch aus dem bekannten Gesamtwassergehalt für die Bereiche 20–40 mm und < 20 mm ermittelt.
- Die Klärschlammwerte wurden analytisch bestimmt.

Für niedrigere Wassergehalte finden sich GV-Werte von 38,4 bis 47,4 Gew.% für das Outputmaterial. Infolge der niedrig angesetzten durchschnittlichen Wassergehalte nimmt der Anteil der Gesamt-TS zu und, dadurch bedingt, auch der GV im Vergleich zu den vorher ermittelten Endglühverlusten.

Der Einfluß der Veränderungen der Zusammensetzung der Anteile aus AOS, NOS und MS auf den Glühverlust wird im folgenden Beispiel aufgezeigt. Für die durchschnittlichen Glühverluste und Wassergehalte der einzelnen Anteile wurden wieder die oben angegebenen Werte eingesetzt, für die AOS wurde ein Gewichtsanteil von 50 Gew.% bezüglich des Inputmaterials angenommen. Der NOS-Anteil kann demnach maximal 50 Gew.%, minimal 0 Gew.% betragen. Die Summe der Anteile aus NOS und MS beträgt in diesem Fall immer 50 Gew.%.

Tabelle 5 zeigt für dieses Beispiel die Möglichkeiten der Veränderung der Zusammensetzung der Anteile aus AOS, NOS und MS.

Tabelle 4. Wassergehalt und Glühverlust der einzelnen Stoffgruppen

	Siebfraktion	Papier			Kunststoffe			Org.Stoffe Verbundstoffe			Metall		
		Min.	Max.	D.	Min.	Max.	D.	Min.	Max.	D.	Min.	Max.	D.
Glühverlust Gew.%	40-120	76,5	81,3	79,0	92,6	96,8	95,0	51,6	66,8	60,0	0,0	0,0	0,0
	> 120	79,2	82,7	81,0	96,2	98,3	97,0	66,8	79,1	73,0	0,0	0,0	0,0
Wassergehalt Gew.%	40-120	23,3	50,5	37,0	10,3	24,7	18,0	55,9	61,3	59,0	1,8	4,3	3,0
	> 120	10,8	18,7	15,0	7,2	14,3	11,0	32,6	38,6	36,0	1,9	4,5	3,0

	Siebfraktion	Glas			Inert			Textil			Nativ org.
		Min.	Max.	D.	Min.	Max.	D.	Min.	Max.	D.	D.
Glühverlust Gew.%	40-120	0,0	0,0	0,0	0,0	0,0	0,0	84,9	90,6	88,0	97,0
	> 120	0,0	0,0	0,0	0,0	0,0	0,0	85,3	89,6	88,0	97,0
Wassergehalt Gew.%	40-120	2,6	4,6	4,0	2,1	4,8	3,0	17,2	24,6	21,0	55-65
	> 120	2,6	3,9	3,0	2,6	4,7	4,0	15,9	24,3	20,0	55-65

D.: Durchschnittswerte

Tabelle 5. Variationsmöglichkeiten der Gewichtsanteile aus NOS und MS bei einem Gewichtsanteil der AOS von 50 Gew.% bezüglich des Inputs

	Anteile am Gesamtabfall in Gew.% (x 10)					
AOS	5	5	5	5	5	5
NOS	5	4	3	2	1	0
mineralischer Anteil	0	1	2	3	4	5

In Abb. 3 und 4 wird die Abhängigkeit des Glühverlustes aus OS und NOS vom Anteil der NOS (0–50 Gew.%) dargestellt. Der Gewichtsanteil der AOS am Ausgangsmaterial beträgt 50 Gew.%. Es zeigt sich hier deutlich, daß die Glühverluste aus AOS (GV aus abbaubarer Organik) unabhängig ist von den Gewichtsanteilen der NOS.

Abbildung 5 zeigt den GV-Anteil aus AOS bei Anteilen der AOS am Gesamtabfall von 0–100 Gew.%. Für jeden Anteil der AOS am Gesamtabfall läßt sich hier unabhängig von den Gewichtsanteilen aus NOS und MS der Verlauf des Glühverlustes aus AOS aufzeigen.

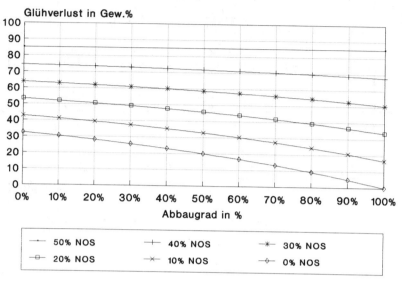

Abb. 3. Glühverlust aus OS in Abhängigkeit vom Gewichtsanteil der NOS

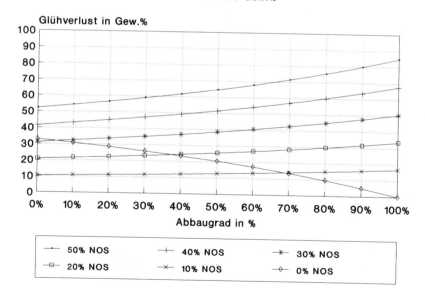

Abb. 4. Glühverlust aus NOS in Abhängigkeit vom Gewichtsanteil der NOS

4 Einfluß des Abbaugrades

Erfahrungswerte für Abbaugrade bei der Abfallkompostierung liegen im Mittel bei 60 %. Um diesen Abbaugrad für das gesamte Kompostierungsmaterial zu erreichen, ist ein wesentlich höherer Abbaugrad bezüglich der AOS anzusetzen. Für den Abbaugrad bezüglich der AOS wurden Werte zwischen 70 und 90 % angenommen.

Die durchschnittlichen Glühverluste und Wassergehalte der einzelnen Anteile aus AOS, NOS und MS wurden den ermittelten Ergebnissen entnommen. Der erhöhte Wassergehaltsdurchschnittswert für die Anteile der AOS wurde mit 60 Gew.%, für die NOS und für die MS mit 30 Gew.% angenommen. Für die niedrigeren durchschnittlichen Wassergehalte der einzelnen Anteile wurde mit Werten gerechnet, die um 20 Gew.% niedriger lagen als die jeweiligen erhöhten Werte.

Mit Hilfe der Tabellen 6–8 ließ sich für jede der in der Tabelle 6 aufgezeigten Zusammensetzungsmöglichkeiten der Glühverlust für die OS, die AOS und die NOS bei Abbaugraden zwischen 0 % und 100 % bestimmen.

Tabelle 6. Outputglühverlust in Abhängigkeit vom gewählten durchschnittlichen Glühverlust bei durchschnittlichen Wassergehalten

Siebfraktion	Basis: Siebfraktion Input Zusammensetzung Gew.%	Durchschn. WG %	Durchschn. GV %	Abbaurate %	WG input Gew.%	TS Input kg / 100 kg	Output TS nach Abbau kg / 100 kg	Basis: Siebfraktion TS TS nach Abbau Gew.%	GV nach Abbau Gew.%
Gesamt	AOS 50.0	50.0	85.0	60.0	25.0	25.0	10.0	20.0	17.0
	NOS 20.0	21.0	85.0	0.0	4.2	15.8	15.8	31.5	26.8
	OS 70.0	41.7	85.0	36.8	29.2	40.8	25.8	51.5	43.8
	MS 30.0	19.0	0.0	0.0	5.7	24.3	24.3	48.5	0.0
	Gesamt 100.0	34.9	43.8	23.0	34.9	65.1	50.1	100.0	43.8

Siebfraktion	Basis: Siebfraktion Input Zusammensetzung Gew.%	Durchschn. WG %	GV max. %	Abbaurate %	WG input Gew.%	TS input kg / 100 kg	Output TS nach Abbau kg / 100 kg	Basis: Siebfraktion TS TS nach Abbau Gew.%	GV nach Abbau Gew.%
Gesamt	AOS 50.0	50.0	90.0	60.0	25.0	25.0	10.0	20.0	18.0
	NOS 20.0	21.0	90.0	0.0	4.2	15.8	15.8	31.5	28.4
	OS 70.0	41.7	90.0	36.8	29.2	40.8	25.8	51.5	46.3
	MS 30.0	19.0	0.0	0.0	5.7	24.3	24.3	48.5	0.0
	Gesamt 100.0	34.9	46.3	23.0	34.9	65.1	50.1	100.0	46.3

Siebfraktion	Basis: Siebfraktion Input Zusammensetzung Gew.%	Durchschn. WG %	GV min. %	Abbaurate %	WG input Gew.%	TS Input kg / 100 kg	Output TS nach Abbau kg / 100 kg	Basis: Siebfraktion TS TS nach Abbau Gew.%	GV nach Abbau Gew.%
Gesamt	AOS 50.0	50.0	80.0	60.0	25.0	25.0	10.0	20.0	16.0
	NOS 20.0	21.0	80.0	0.0	4.2	15.8	15.8	31.5	25.2
	OS 70.0	41.7	80.0	36.8	29.2	40.8	25.8	51.5	41.2
	MS 30.0	19.0	0.0	0.0	5.7	24.3	24.3	48.5	0.0
	Gesamt 100.0	34.9	41.2	23.0	34.9	65.1	50.1	100.0	41.2

Als Beispiel wurde eine für Hausabfälle durchschnittliche Zusammensetzung gewählt: Anteil der AOS 50 Gew.%, der NOS 20 Gew.% und der MS 30 Gew.%. Der Glühverlust wurde für einen Abbaugrad (Abbaurate) der AOS von 60 % berechnet.

Tabelle 6 zeigt die Abhängigkeit des Glühverlustes des Outputmaterials vom für die AOS und NOS angesetzten durchschnittlichen Glühverlust (durchschnittlicher GV: 85 Gew.%, maximaler GV: 90 Gew.%, minimaler GV: 80 Gew.%) bei durchschnittlichen Wassergehalten (WG/AOS: 50 Gew.%, WG/NOS: 21 Gew.%, WG/MS: 19 Gew.%). Die ermittelten Endglühverluste schwanken bei dieser Zusammensetzung zwischen 41,2 Gew.% und 46,3 Gew.%.

Tabelle 7. Outputglühverlust in Abhängigkeit vom gewählten durchschnittlichen Glühverlust bei erhöhten Wassergehalten

Siebfrakt.	Basis: Siebfraktion Input						Output	Basis: Siebfraktion TS	
	Zus. Gew.%	WG max. %	Durchschn. GV %	Abbaurate %	WG Input Gew.%	TS Input kg/100 kg	TS nach Abbau kg/100 kg	TS nach Abbau Gew.%	GV nach Abbau Gew.%
Gesamt AOS	50,0	60,0	85,0	60,0	30,0	20,0	8,0	18,6	15,8
NOS	20,0	30,0	85,0	0,0	6,0	14,0	14,0	32,6	27,7
OS	70,0	51,4	85,0	35,3	36,0	34,0	22,0	51,2	43,5
MS	30,0	30,0	0,0	0,0	9,0	21,0	21,0	48,8	0,0
Gesamt	100,0	45,0	43,5	21,8	45,0	55,0	43,0	100,0	43,5

Siebfrakt.	Basis: Siebfraktion Input						Output	Basis: Siebfraktion TS	
	Zus. Gew.%	WG max. %	max. GV %	Abbaurate %	WG Input Gew.%	TS Input kg/100 kg	TS nach Abbau kg/100 kg	TS nach Abbau Gew.%	GV nach Abbau Gew.%
Gesamt AOS	50,0	60,0	90,0	60,0	30,0	20,0	8,0	18,6	16,7
NOS	20,0	30,0	90,0	0,0	6,0	14,0	14,0	32,6	29,3
OS	70,0	51,4	90,0	35,3	36,0	34,0	22,0	51,2	46,0
MS	30,0	30,0	0,0	0,0	9,0	21,0	21,0	48,8	0,0
Gesamt	100,0	45,0	46,0	21,8	45,0	55,0	43,0	100,0	46,0

Siebfrakt.	Basis: Siebfraktion Input						Output	Basis: Siebfraktion TS	
	Zus. Gew.%	WG max. %	min. GV %	Abbaurate %	WG Input Gew.%	TS Input kg/100 kg	TS nach Abbau kg/100 kg	TS nach Abbau Gew.%	GV nach Abbau Gew.%
Gesamt AOS	50,0	60,0	80,0	60,0	30,0	20,0	8,0	18,6	14,9
NOS	20,0	30,0	80,0	0,0	6,0	14,0	14,0	32,6	26,0
OS	70,0	51,4	80,0	35,3	36,0	34,0	22,0	51,2	40,9
MS	30,0	30,0	0,0	0,0	9,0	21,0	21,0	48,8	0,0
Gesamt	100,0	45,0	40,9	21,8	45,0	55,0	43,0	100,0	40,9

Tabelle 7 zeigt die Abhängigkeit des Glühverlustes des Outputmaterials vom für die AOS und NOS angesetzten durchschnittlichen Glühverlust (durchschnittlicher GV: 85 Gew.%, maximaler GV: 90 Gew.%, minimaler GV: 80 Gew.%) bei erhöhten Wassergehalten (WG/AOS: 60 Gew.%, WG/NOS: 30 Gew.%, WG/MS: 30 Gew.%).

Bei erhöhten Wassergehalten finden sich Werte von 40,9–46 Gew.% für den Outputglühverlust. Infolge der höher angesetzten Wassergehalte reduziert sich die Gesamt-TS und dadurch bedingt der GV im Vergleich zu den Endglühverlusten mit den durchschnittlichen Wassergehalten.

Tabelle 8. Outputglühverlust in Abhängigkeit vom gewählten durchschnittlichen Glühverlust bei niedrigen Wassergehalten

Siebfrakt.	Basis: Siebfraktion Input						Output	Basis: Siebfraktion TS		
	Zus. Gew.%	min. WG %	Durchschn. GV %	Abbaurate %	WG Input Gew.%	TS Input kg/100 kg	TS nach Abbau kg/100 kg	TS nach Abbau Gew.%	GV nach Abbau Gew.%
Gesamt AOS	50.0	40.0	85.0	60.0	20.0	30.0	12.0	21.1	17.9
NOS	20.0	10.0	85.0	0.0	2.0	18.0	18.0	31.6	26.8
OS	70.0	31.4	85.0	37.5	22.0	48.0	30.0	52.6	44.7
MS	30.0	10.0	0.0	0.0	3.0	27.0	27.0	47.4	0.0
Gesamt	100.0	25.0	44.7	24.0	25.0	75.0	57.0	100.0	44.7

Siebfrakt.	Basis: Siebfraktion Input						Output	Basis: Siebfraktion TS		
	Zus. Gew.%	min. WG %	GV max. %	Abbaurate %	WG Input Gew.%	TS Input kg/100 kg	TS nach Abbau kg/100 kg	TS nach Abbau Gew.%	GV nach Abbau Gew.%
Gesamt AOS	50.0	40.0	90.0	60.0	20.0	30.0	12.0	21.1	18.9
NOS	20.0	10.0	90.0	0.0	2.0	18.0	18.0	31.6	28.4
OS	70.0	31.4	90.0	37.5	22.0	48.0	30.0	52.6	47.4
MS	30.0	10.0	0.0	0.0	3.0	27.0	27.0	47.4	0.0
Gesamt	100.0	25.0	47.4	24.0	25.0	75.0	57.0	100.0	47.4

Siebfrakt.	Basis: Siebfraktion Input						Output	Basis: Siebfraktion TS		
	Zus. Gew.%	min. WG %	GV min. %	Abbaurate %	WG Input Gew.%	TS Input Gew.%	TS nach Abbau Gew.%	TS nach Abbau Gew.%	GV nach Abbau Gew.%
Gesamt AOS	50.0	40.0	80.0	60.0	20.0	kg/100 kg	kg/100 kg	0,0	0,0
NOS	20.0	10.0	80.0	0.0	2.0	18.0	18.0	24.0	19.2
OS	70.0	31.4	30.0	0.0	22.0	48.0	48.0	64.0	19.2
MS	30.0	10.0	0.0	0.0	3.0	27.0	27.0	36.0	0.0
Gesamt	100.0	25.0	19.2	0.0	25.0	75.0	75.0	100.0	19.2

Tabelle 8 zeigt die Abhängigkeit des Glühverlustes des Outputmaterials vom für die AOS und NOS angesetzten durchschnittlichen Glühverlust (durchschnittlicher GV: 85 Gew.%, maximaler GV: 90 Gew.%, minimaler GV: 80 Gew.%) bei niedrigen Wassergehalten (WG/AOS: 40 Gew.%, WG/NOS: 10 Gew.%, WG/MS: 10 Gew.%).

Für Abbaugrade von 70–90 % ließen sich daraufhin die Glühverlustanteile aus AOS, NOS und der Gesamtglühverlust aus der OS in Abhängigkeit von der Zusammensetzung des Ausgangsmaterials bestimmen.

Tabelle 9 zeigt die Glühverlustanteile aus AOS, NOS und des Gesamtglühverlustes aus der OS von der Zusammensetzung des Ausgangsmaterials.

Tabelle 9. Glühverluste bei einem Abbaugrad von 70 %

Anteil NOS in Gew.%	Anteil AOS in Gew.%	0%	10%	20%	30%	40%	50%	60%	70%	80%	90%	100%
100	AOS	0,0										
	NOS	85,0										
	OS	85,0										
90	AOS	0,0	1,8									
	NOS	76,3	83,2									
	OS	76,3	85,0									
80	AOS	0,0	1,8	3,9								
	NOS	67,7	73,8	81,1								
	OS	67,7	75,5	85,0								
70	AOS	0,0	1,7	3,8	6,4							
	NOS	59,1	64,4	70,8	78,6							
	OS	59,1	66,1	74,6	85,0							
60	AOS	0,0	1,7	3,8	6,4	9,6						
	NOS	50,5	55,0	60,5	67,2	75,4						
	OS	50,5	56,8	64,3	73,5	85,0						
50	AOS	0,0	1,7	3,8	6,4	9,5	13,6					
	NOS	42,0	45,7	50,3	55,8	62,6	71,4					
	OS	42,0	47,5	54,1	62,1	72,2	85,0					
40	AOS	0,0	1,7	3,8	6,3	9,5	13,5	18,8				
	NOS	33,5	36,5	40,1	44,5	49,9	56,9	66,2				
	OS	33,5	38,2	43,9	50,8	59,4	70,4	85,0				
30	AOS	0,0	1,7	3,8	6,3	9,4	13,4	18,8	26,1			
	NOS	25,1	27,3	30,0	33,2	37,3	42,5	49,4	58,9			
	OS	25,1	29,0	33,8	39,6	46,8	55,9	68,1	85,0			
20	AOS	0,0	1,7	3,8	6,3	9,4	13,4	18,7	25,9	36,7		
	NOS	16,7	18,1	19,9	22,1	24,8	28,2	32,8	39,0	48,3		
	OS	16,7	19,9	23,7	28,4	34,2	41,6	51,4	65,0	85,0		
10	AOS	0,0	1,7	3,8	6,3	9,4	13,3	18,6	25,8	36,4	53,6	
	NOS	8,3	9,0	9,9	11,0	12,3	14,0	16,3	19,4	24,0	31,4	
	OS	8,3	10,8	13,7	17,3	21,7	27,4	34,9	45,2	60,4	85,0	
0	AOS	0,0	1,7	3,8	6,3	9,3	13,3	18,5	25,6	36,2	53,1	85,0
	NOS	0,0	0,0	0,0	0,0	0,0	0,0	0,0	0,0	0,0	0,0	0,0
	OS	0,0	1,7	3,8	6,3	9,3	13,3	18,5	25,6	36,2	53,1	85,0

Abbaugrade zwischen 70 und 90 %: Bei einem Abbaugrad der AOS von 70 % zeigt sich für den GV-Anteil aus AOS, daß zum Unterschreiten des GV von 10 Gew.% der Anteil der AOS am Gesamtabfall maximal 40 Gew.% betragen darf. Für den Abbaugrad der AOS von 90 % läßt sich ein GV unter 10 Gew.% noch mit einem Anteil der AOS am Gesamtabfall, bei 70 Gew.% liegend, feststellen (s. Abb. 5–7).

Ein Unterschreiten des GV von 10 Gew.% für die OS (bei einem Abbaugrad von 70 %) wird erst ab einem Anteil der AOS am Gesamtabfall von 40 Gew.% möglich. Voraussetzung bei diesem AOS-Anteil von 40 Gew.% wäre für den GV von 10 Gew.% ein Anteil der NOS von 0 Gew.%. Mit AOS-Anteilen unter 40 Gew.% und NOS-Anteilen bis maximal 10 Gew.% könnte ebenfalls ein GV unter 10 Gew.% erreicht werden.

Bei einem Abbaugrad der AOS von 90 % zeigt sich für die OS der Sprung unter einen GV von 10 Gew.% schon ab einem Anteil der AOS am Gesamtabfall von 70 Gew.%. Der maximale Anteil der NOS ist mit dem bei einem Abbaugrad der AOS von 70 % Maximalanteil der NOS am Gesamtabfall von 10 Gew.% vergleichbar. Erklärbar ist dies dadurch, daß bei sinkendem Anteil der AOS der Einfluß der unterschiedlichen Abbaugrade auf den GV immer geringer wird.

5 Zusammenfassung

Die Betrachtung zeigt, daß die Vielzahl der Abfallarten in einem Siedlungsraum zu integrierten Konzepten der Verwertung führen muß und der verbleibende Restmüll letztlich nicht einheitlich definiert werden kann. Das bedeutet aber auch, daß jeder Entsorgungsraum selbst eine Analyse durchzuführen hat, um für die mögliche Behandlung das geeignete Verfahren zu bestimmen. Ebenfalls wird deutlich, daß biologische Behandlung nicht in der Lage sein wird, die in der TASi definierten Ziele für die Ablagerung zu erreichen.

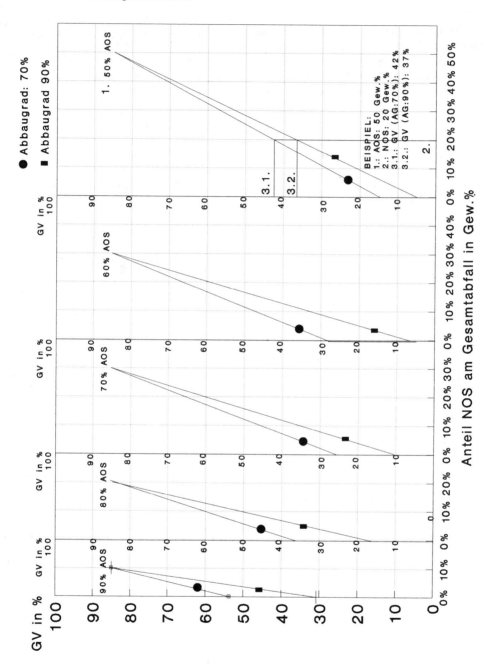

Abb. 5. Glühverlust OS bei Abbaugraden der AOS zwischen 70 und 90 %; Anteil der AOS: 50–90 Gew.%

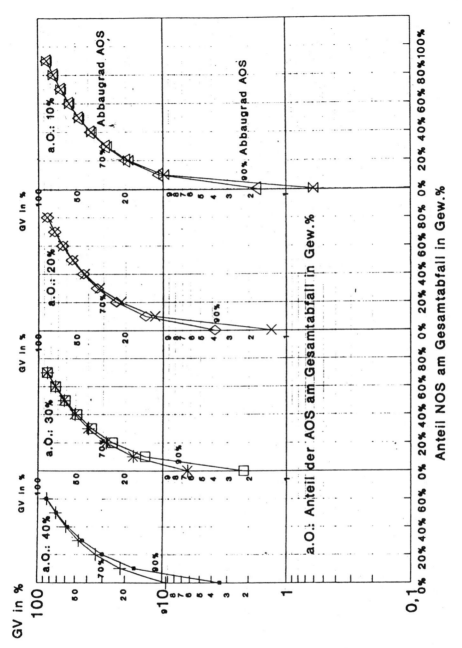

Abb. 6. Glühverlust OS bei Abbaugraden der AOS zwischen 70 und 90 %; Anteil der AOS: 10–40 Gew.%

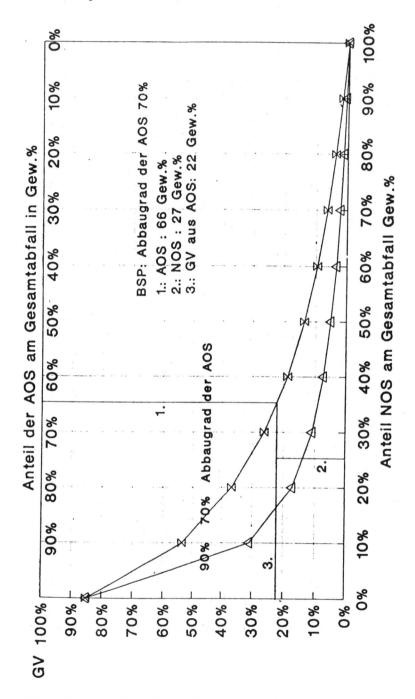

Abb. 7. Glühverlust AOS bei Abbaugraden der AOS zwischen 70 und 90 %; Anteil der AOS: 0–100 Gew.%

Bricht der Kompostmarkt zusammen?

Ralf Gottschall, Holger Stöppler-Zimmer

1 Einleitung und Problemstellung

Kompostmarkt? – Welcher Kompostmarkt? So könnte man zunächst provokant fragen.

Komposte aus der getrennten Sammlung organischer Abfälle werden nicht hergestellt, weil ein bestimmter Markt diese Produkte nachfragte, sondern in erster Linie aus dem abfallwirtschaftlichen Grund, die Restmüllmenge zu verringern. A priori ist tatsächlich ein höchstens rudimentärer Markt (z.B. im GaLaBau) vorzufinden, was belegt wird durch die Absatzprobleme mancher Kompostwerke und die Schwierigkeiten, Erlöse für die Komposte zu erzielen, sowie durch die Bereitschaft mancher Werksbetreiber, eine bezuschußte Verwertung herbeizuführen.

Die abfallwirtschaftliche Konzeption, die der getrennten Sammlung und Kompostierung organischer Abfälle zugrunde liegt, ist erst dann schlüssig, wenn der Kompost einer sinnvollen (pflanzenbaulichen) Verwertung zugeführt wird. Das daraus folgende oberste absatzpolitische Ziel für die Komposterzeuger lautet: Die produzierte Kompostmenge muß abgesetzt werden. Erlöse, Deckungsbeiträge und dergleichen spielen auf der Ebene der Kompostwerke demgegenüber nur eine untergeordnete Rolle.

Die Frage „Bricht der Kompostmarkt zusammen?" ist also unscharf formuliert und genauer folgendermaßen zu stellen: „Kann ein ausreichend großer Markt für die zukünftig produzierten Kompostmengen erschlossen werden?" und „Welche Maßnahmen sind dafür notwendig?"

2 Situationsbeschreibung

2.1 Kompostmengen: Stand und voraussichtliche Entwicklung

Mit der getrennten Sammlung organischer Haushalts- und Gartenabfälle werden in der Regel zwischen 40 und 170 kg je Einwohner und Jahr erfaßt, wobei die erreichte Menge unter anderem von der Siedlungsstruktur abhängt. Dazu wird Grüngut von Kommunen, von Betrieben des Garten- und Landschaftsbaus und teilweise von Straßenbegleitflächen in einer Größenordnung von mindestens 15–40 kg/E/a geliefert. Durchschnittlich ist von einer Gesamtmenge an Bio- und Grünabfällen von 110–130 kg/E/a auszugehen. Bei einem Abbau der organischen Substanz während der Kompostierung um 40–60 % entsteht insgesamt eine Reduktion der Rohmaterialmenge um etwa 50 %. Die durchschnittliche Menge an Bio- und Grünkomposten beträgt demzufolge 55–65 kg/E/a.

Die Entwicklung der getrennten Sammlung und Kompostierung organischer Abfälle verläuft sehr dynamisch, was sowohl die Zahl der Projekte als auch die der angeschlossenen Haushalte betrifft. Der Anfang 1991 erreichte Anschlußgrad von 4,5 % der Einwohner wird sich mittelfristig (Planungsstand) auf ca. 45 % erhöhen (Fricke et al. 1991). Das entspricht einer Steigerung der Biokompostmenge von ca. 150 000–180 000 t Anfang 1991 auf ca. 1,5–1,8 Mio. t in den nächsten Jahren.

Nach Einführung der flächendeckenden Kompostierung ist nach der oben geschilderten Rechnung in den „alten" Bundesländern mit mindestens 3,3–3,9 Mio. t Bio- und Grünkomposten zu rechnen (Fertigkompostfrischsubstanz). Bei einem durchschnittlichen Volumengewicht von ca. 650 kg/m^3 sind dies 5–6 Mio. m^3. Sollte ein bedeutender Teil dieser Produktion als Frischkompost abgesetzt werden, ist die Menge wegen der geringeren Gewichtsreduktion während der Rotte entsprechend zu erhöhen.

In Zukunft könnte die Menge an produziertem Kompost noch wesentlich höher sein: In zunehmendem Maße wird Straßenbegleitgrün und ein Teil des Materials von Naturschutzflächen erfaßt; darüber hinaus erreichen die kompostierfähigen organischen Gewerbeabfälle ein Volumen von mehreren Millionen m^3. Im Rahmen einer Gesamtbetrachtung der Verwertung organischer Abfälle sind außerdem die Reststoffe aus der Landwirtschaft und der Klärschlamm zu berücksichtigen.

2.2 Derzeitige Vermarktungsaktivitäten

Daten zu den aktuellen Vermarktungsaktivitäten von Getrenntsammlungskomposten liegen nur in sehr geringem Umfang vor. Aus diesem Grund sollen einige Vorgehensweisen, sowohl in der Planungsphase als auch während des Dauerbetriebes, exemplarisch dargestellt werden. Allgemein herrscht zur Zeit noch die Direktvermarktung ab Anlage mit einem Anteil von über 95 % an der Kompostmenge deutlich vor (Fricke et al. 1991). Der Anteil von unter 5 % über den Handel vertriebenem Kompost ist ein Hinweis auf den bisher geringen Veredelungs- und Organisationsgrad im Rahmen der Kompostvermarktung. Die Verhältnisse verschieben sich jedoch schnell: Schon 1992 sind möglicherweise bis zu 10 % der Komposte durch den Handel abgesetzt worden.

Aktivitäten in der Planungsphase der getrennten Sammlung und Kompostierung reichen von der Durchführung von Marktanalysen, speziellen Großabnehmerakzeptanzanalysen und der Erstellung einer hierauf basierenden Marketingkonzeption bis zur weitgehenden Unterlassung jeglicher Maßnahme, wobei letzteres die Regel ist. Vorausschauende Institutionen lassen außerdem bereits im Vorfeld der Kompostierung Fachgespräche zu Multiplikatoren und pflanzenbaulichen Behörden durchführen, um durch sachliche Information der betreffenden Personen eine Unterstützung der Kompostverwertung herbeizuführen.

Das Vorgehen im Dauerbetrieb der Kompostierungsanlagen ist, entsprechend den in der Planungsphase veranlaßten Aktivitäten, oft relativ konzeptionslos. Falls überhaupt personelle Kapazitäten für den Bereich Kompostvermarktung vorgesehen sind, ist der Vermarktungserfolg in hohem Maße abhängig von den organisatorischen und konzeptionellen Fähigkeiten einzelner Mitarbeiter.

Sogenannte „Abnahmegarantien" für Komposte durch private Organisationen, wie sie in jüngster Zeit publik wurden, sind im Widerspruch zum Begriff in der Regel nicht ausreichend für die Entsorgungssicherheit, wenn nicht begleitende Marketingmaßnahmen erfolgen! Ohne intensive Vermarktungsaktivitäten sind auch in diesem Fall Probleme zu erwarten, bei deren Auftreten sich der Garantiegeber auf die Nichtvorhersehbarkeit zurückziehen wird.

Folgendes Spektrum an Herangehensweisen hinsichtlich der Kompostvermarktung ist in der Praxis zu beobachten:

- Von vornherein oder angesichts unlösbar erscheinender Probleme wird eine bezuschußte Verwertung qualitativ hochwertiger Komposte in der Landwirtschaft konzipiert. Marketingaktivitäten werden dementsprechend unterlassen. Die Zuschüsse erreichen derzeit schon Beträge bis zu 50 DM je Tonne Kompost (äquivalent 25 DM je Tonne Input entsprechend 10–30 % der Verarbeitungskosten).

Die schwerwiegendsten Folgen eines solchen Vorgehens sind: Unnötige und daher nicht akzeptable Belastung des Gebührenzahlers, großer Schaden für das Image der Komposte („Abfallentsorgung") sowie eine nicht zu unterschätzende Störung der Kompostvermarktung in der angrenzenden Region einschließlich Preis- und Imageverfall.

- Aufgrund der Annahme, qualitativ hochwertiger Kompost sei ohne Probleme im Einzugsgebiet abzusetzen, wird weder eine Marktanalyse veranlaßt noch ein Marketingkonzept erstellt. An Marktvorbereitung wird nicht das Nötigste betrieben, und im Dauerbetrieb wird ein ungeschulter Mitarbeiter beauftragt, den Absatz „nebenher" zu gestalten. Diese Herangehensweise ist überwiegend vorzufinden.

In Abhängigkeit von der „Standortgunst" und den „Talenten" des Mitarbeiters mag dieses Vorgehen eine Weile gutgehen. Bei rapide steigenden Kompostmengen im eigenen Betrieb und in den Nachbargebieten treten jedoch in der Regel Absatzstockungen auf, Komposthalden entstehen, wegen Platznot müssen die Preise zurückgenommen werden, das Produktimage leidet usw. Wegen mangelhafter Kommunikation mit Multiplikatoren und Fachbehörden des Pflanzenbaus sind Hemmnisse für die Kompostverwertung vorhanden, deren Quellen gelegentlich nicht einmal bekannt sind. Wegen ungenügender Produktinformation oder mangelnder Beratung zur Kompostanwendung enttäuschte Abnehmer machen um so mehr „Stimmung", je schlechter die Absatzlage ist, vor allem, wenn der Kompost schließlich kostenlos abgegeben wird.

- In einer sehr günstigen Lage, z.B. mitten in einem ausgedehnten Weinbaugebiet, wird der potentielle Markt als im wesentlichen bekannt vorausgesetzt. Deswegen wird keine Marktanalyse durchgeführt, und es werden relativ geringe, aber durch gezielte Aktivitäten effektive Anstrengungen zur Marktvorbereitung unternommen. Ein Mitarbeiter wird beauftragt, die aufgebauten, wichtigen Kontakte zu Multiplikatoren, Verbänden und Fachbehörden zu pflegen und den Kompostabsatz im beschränkten, aber zentralen Marktsegment zu gestalten und zu sichern. Für spezielle Maßnahmen erhält er weitere Unterstützung.

Im Sonderfall der besonders günstigen Lage des Kompostwerks kann das geschilderte Vorgehen mittelfristig angemessen und in Ausnahmefällen auch langfristig tragfähig sein.

Immer noch selten ist dagegen eine umfassende und zielgerichtete Marktvorbereitung, die in der Planungsphase eines Getrenntsammlungs- und Kompostierungsprojektes beispielsweise folgende Aktivitäten einschließt:

Durchführung einer Marktanalyse, Kontaktaufbau zu möglichen Großabnehmern, landwirtschaftlichen Maschinenringen und Vertriebspartnern, Erstellung einer Marketingkonzeption sowie Fachgespräche mit Multiplikatoren und Behörden. Die Durchführung der Marketingkonzeption obliegt einem mit der Kompostvermarktung beauftragten Mitarbeiter. Zusammen mit den in den Gesprächen gewonnenen pflanzenbaulichen Institutionen werden unter Beratung von Spezialisten fachlich fundierte Demonstrationsanwendungen und andere marktvorbereitende Maßnahmen wie Fachvorträge, Artikel in praxisrelevanten Zeitschriften usw. durchgeführt.

Als Folge der intensiven Aktivitäten kann ein erheblicher Teil des erzeugten Kompostes an zwei Großabnehmer mit vorhandener Vertriebsstruktur abgesetzt werden. Die Fachbehörden und pflanzenbaulichen Verbände unterstützen weitgehend die Kompostverwertung. In Ausschreibungen wird Kompost als Bodenverbesserungsmittel verlangt. Durch die gezielten aßnahmen im Bereich der Kommunikation wurde nicht nur der GaLaBau als bedeutender Abnehmerbereich gewonnen, sondern auch der Boden für die breite Akzeptanz des Kompostes in der Bevölkerung bereitet, was sowohl zur entsprechenden Nachfrage von Kompost im Hausgarten als auch zur Bevorzugung von Kompost bei Maßnahmen der GaLaBau-Firmen im privaten Bereich führt. Landwirtschaftliche Spezialkulturen mit Bedarf an Humusstoffen und weitere Bereiche decken den Rest ab.

Über diese projektgebundenen Marketingaktivitäten hinaus etablieren sich in jüngster Zeit zunehmend überregionale Vermarktungsorganisationen. Die bis dato bedeutendste ist die Deutsche Komposthandelsgesellschaft mbH (DHK) in Geeste. Die DHK bietet schon heute bundesweit 3 Qualtitätsstandards an (TerrAktiv Düngekompost, TerrAktiv Mulchkompost und TerrAktiv Spezial für Substrate und zur Rasenansaat). Weitere Vermarktungsorganisationen sind in der Planung oder im Aufbau, von denen allerdings bisher keine bundesweit aktiv ist.

Die Bundesgütegemeinschaft Kompost e. V. mit den sie tragenden regionalen Gütegemeinschaften sieht es neben der Qualitätssicherung als eine ihrer Hauptaufgaben an, die Mitgliedsbetriebe beim Marketing zu unterstützen. Hierzu sind allgemeine Aktivitäten zu zählen, die v. a. die Öffentlichkeitsarbeit (Qualitätssicherung, Kompostimage) betreffen, aber auch konkrete Maßnahmen wie die Verleihung des werberelevanten RAL-Gütezeichens 251 „Kompost" und die Erstellung von Anwendungsempfehlungen und -broschüren.

Insgesamt steht die Organisation der Kompostvermarktung sowohl in den Einzelprojekten bzw. Kompostwerken als auch überregional noch am Anfang. Unter Berücksichtigung der kurzen Zeitspanne, in der das Konzept der getrennten Sammlung und Kompostierung bisher entwickelt wurde, sind jedoch einige positive Ansätze zu beobachten. Allerdings fehlt auf der einen Seite oft die Einsicht in die Notwendigkeit eines Minimums an Marketingaktivitäten, und auf der anderen Seite befinden sich übergeordnete Steuerungsmechanismen und/oder Vermarktungsorganisationen erst in der Entwicklung.

2.3 Verwertungsbereiche und ihre Bedeutung in der Kompostvermarktung

Bio- und Grünkomposte konkurrieren auf dem Markt mit anderen Humusprodukten wie Rindenhumus und -mulch, Torf, organischen Gewerbeabfällen und auch Stallmist. Hier findet zum einen ein Verdrängungswettbewerb statt, zum anderen wird es möglich sein, Bio- und Grünkomposte über den bisher für Bodenverbesserungsmittel vorhandenen Markt hinaus abzusetzen oder neue Märkte zu erschließen. Hierfür kommt z.B. der Einsatz von Komposten in Gebieten der Grünflächenpflege in Frage, in denen bisher keine organischen Bodenverbesserungsmittel eingesetzt werden, aber auch Bereiche wie die viehlose Landwirtschaft, bei der Humusprodukte bisher aus Gründen der Verfügbarkeit und der Kosten nur in geringem Maße eingesetzt wurden, sowie der Erosions- und Verschlämmungsschutz in landwirtschaftlichen Reihenkulturen wie Mais und Zuckerrüben. Insgesamt sind vielfältige Einsatzbereiche für Bio- und Grünkomposte vorhanden (Tabelle 1; Gottschall et al. 1991).

Tabelle 1. Einsatzbereiche für Bio- und Grünkomposte im Pflanzenbau

Verwertung
- Erwerbsgartenbau (Gemüse und Zierpflanzen)
- Baumschulen
- Garten- und Landschaftsbau
- Hobbygartenbau

- Öffentliche Grünanlagen
- Straßenbegleitgrün
- Rekultivierungsmaßnahmen/Neuanlagen (Städtebau, Straßenbau, Industriebereiche, Naturschutz usw.)

- Landwirtschaft
- Wein- und Obstbau
- Sonderkulturen

- Forstwirtschaft

Veredelung
- Erden- und substratherstellende Industrie

2.3.1 Akzeptanz von Bio- und Grünkomposten

Das Kernproblem bei der Vermarktung erklärungsbedürftiger Produkte aus dem Abfallsektor ist in jedem Fall die Akzeptanz durch die Anwendungsbereiche, die bei Bio- und Grünkomposten in der Regel zu über 95 % im Pflanzenbau zu finden sind.

Die Bereitschaft zum Komposteinsatz ist in den potentiellen Vermarktungsbereichen insgesamt hoch (Gottschall, unveröff.; vgl. auch Niedersächsisches Umweltministerium 1992). Über 80 % der Befragten sind in der Regel grundsätzlich oder bei Erfüllung bestimmter qualtitativer und preislicher Bedingungen zur Abnahme von Kompost bereit (Abb. 1). Der mit 40–50 % relativ hohe Anteil derjenigen, die Bedingungen mit der Bereitschaft zum Komposteinsatz verknüpfen, bedeutet aber auch, daß neben der Qualtitätssicherung als Basis eine intensive Kommunikation mit den potentiellen Abnehmern bei der Markteinführung der Komposte notwendig ist.

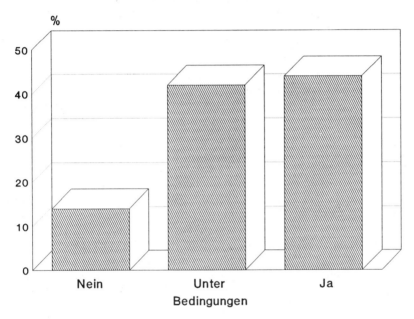

Abb. 1. Grundsätzliche Bereitschaft zum Einsatz von Biokomposten im Pflanzenbau im Durchschnitt mehrerer Landkreise
(Frage: „Könnten Sie sich grundsätzlich vorstellen, Bio- oder Grünkomposte in Ihrem Betrieb einzusetzen?")

Lediglich 15–20 % der Befragten lehnen den Einsatz der Komposte prinzipiell ab. Neben mangelndem Bedarf liegen die Gründe für die Ablehnung dabei oft im Bereich vermuteter schlechter Qualitäten der Komposte (Hygiene, Schad- und Störstoffe). Die Erwartung zu hoher Preise spielt ebenfalls eine große Rolle, während der Ausbringungsaufwand von untergeordneter Bedeutung ist. Ein großer Teil derjenigen, die dem Komposteinsatz aus Qualitäts- oder Kostengründen zur Zeit noch ablehnend gegenüberstehen, läßt sich vermutlich durch gezielte Marketingmaßnahmen umstimmen.

Innerhalb der verschiedenen Anwendungsgebiete bzw. Zielgruppen ergibt sich bezüglich Zustimmung zum Komposteinsatz oder dessen Ablehnung eine Differenzierung. So ist die „bedingungslose" Bereitschaft zum Einsatz oft bei den Gartenämtern, in Baumschulen, im Obstbau, im Garten- und Landschaftsbau sowie bei den Hobbygärtnern hoch (Abb. 2), aber auch bei den Erdenwerken, im Weinbau, im Gemüse- und Zierpflanzenbau sowie in der Landwirtschaft einschließlich Spargel- und Tabakanbau werden qualitativ und preislich befriedigende Komposte grundsätzlich akzeptiert.

Im Bereich Landwirtschaft scheint im Vergleich zu früheren Befragungen die Bereitschaft zum Komposteinsatz ohne größere Bedingungen zu sinken. Dies hängt vermutlich mit den derzeitigen Position der Bauernverbände und anderer Institutionen zusammen, die vor einem weitreichenden Komposteinsatz in der Landwirtschaft eine behördliche Verordnung zur Anwendung von Bio- und Grünkomposten in der Landwirtschaft einfordern. Nach Erlaß einer derartigen Regelung, die aus der Neufassung des LAGA-Merkblattes M 10 als Länderverordnung oder einer speziellen Kompostverordnung bestehen könnte, ist eine Ausdehnung und Stabilisierung der Bereitschaft zum Komposteinsatz in der Landwirtschaft zu erwarten. Weiterhin wird oft eine Regelung der Haftungsfrage verlangt (s. 5.1.4).

Auf überwiegende Ablehnung stößt die Kompostanwendung derzeit noch im Forstbereich, obwohl eine relativ große Akzeptanz „unter Bedingungen" gegeben ist. In geringem Umfang sind im Forst Absatzmöglichkeiten vorhanden, vor allem in forstlichen Baumschulen. Außerdem ist zu beachten, daß ein Teil der Ablehnung bei der Umfrage lediglich aufgrund von „Unsicherheiten" oder „fehlender Datengrundlage" zustande kam bzw. von weitergehenden Stellungnahmen der forstlichen Versuchsanstalten sowie von Ergebnissen wissenschaftlicher Untersuchungen abhängig gemacht wurde. Dies zeigt auch, daß im Forst bei Beachtung ökologischer und fachlicher Rahmenbedingungen noch eine Chance besteht, einen im Hinblick auf die umfangreichen bewirtschafteten Flächen bedeutenden Verwertungsbereich für Bio- und Grünkomposte weiter zu erschließen.

Auch in jenen Anwendungsbereichen, die überwiegend Zustimmung zum Komposteinsatz signalisieren, ist die Kompostverwertung nicht immer problemlos möglich. So existieren in verschiedenen pflanzenbaulichen Erwerbsbetrieben keine Ausbringungsgeräte für den Kompost bzw. können entsprechende Aggregate nicht von anderen Betrieben geliehen werden (z.B. auch Wein- und Obstbau). Neben der Lohnausbringung ist damit auch die Stellung entsprechender Gerätschaften durch den Kompostproduzenten angesprochen.

In den angesprochenen Vermarktungsgebieten lehnen aus dem Bereich Handel nur rund 10–20 % der Befragten den Vertrieb von Komposten ab. Für den Verkauf an Endabnehmer interessiert sich die Mehrzahl der Betriebe und für die Vermarktung an den Zwischen- und Großhandel weitere Betriebe. Obwohl sich der Handel in diesem Sektor oft zurückhaltend verhält, ist insgesamt ein im Laufe der Zeit steigendes Interesse des Groß- und Einzelhandels zu beobachten.

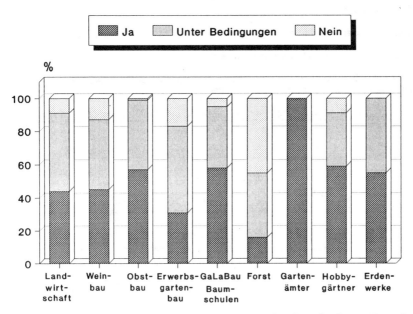

Abb. 2. Akzeptanz von Bio- und Grünkomposten in den einzelnen pflanzenbaulichen Verwertungsbereichen im Durchschnitt mehrerer Landkreise
(Fragestellung: s. Abb. 1)

2.3.2 Anwendungsorientierte Qualitätsanforderungen

Bei den Anforderungen der pflanzenbaulichen Betriebe an die Qualität der Bio- und Grünkomposte stehen heute die Unbedenklichkeit der Anwendung und ein geringer Gehalt an Fremdstoffen noch vor dem Nutzen, der allerdings in der Regel vorausgesetzt wird (Tabelle 2, Abb. 3 ; Stöppler-Zimmer et al. 1993). Dies bedingt eine angemessene Qualitätssicherung, die nach den Vorgaben der Bundesgütegemeinschaft Kompost gewährleistet ist. Die Bedürfnisse hinsichtlich der verschiedenen Anwendungszwecke für Komposte lassen sich durch eine Produktdiversifikation erfüllen, die den Ergebnissen der Marktanalyse entsprechen muß (Gottschall u. Stöppler-Zimmer 1992).

Tabelle 2. Anwendungsorientierte Qualitätsanforderungen an Biokomposte

- Unbedenklichkeit
    - Schadstoffgehalt
    - Phytohygiene und allgemeine Hygiene
    - Pflanzenverträglichkeit
- Kein auffallender Gehalt an Fremdstoffen
- Anwendungsorientierte Richt- oder Grenzwerte für alle relevanten Merkmale
- Produktdiversifikation nach Anwendungszwecken
- Je nach Anwendungszweck hoher Nutzen der organischen Substanz **und/oder** der Nährstoffe des Kompostes, Mulcheigenschaften, Erosionsschutz
- Intensive Qualitätsüberwachung (neutrale Überwachung und Gütezeichen, siehe Abb. 3)

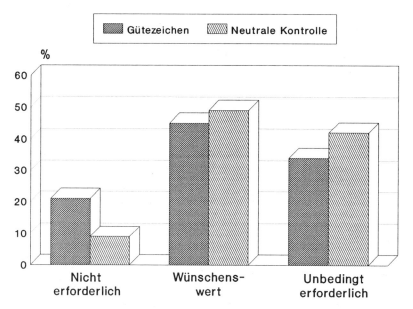

Abb. 3. Anforderungen an die Qualitätssicherung bei Bio- und Grünkomposten im Durchschnitt mehrerer Landkreise
(1. Frage: „Sollte nach Ihrer Ansicht eine besondere Qualitätskontrolle der Komposte, z.B. auch mit Vergabe eines Gütezeichens, erfolgen?" 2. Frage: „Halten Sie die Durchführung der Qualitätskontrollen bei den Komposten durch eine neutrale Einrichtung für notwendig, oder reicht eine Kontrolle durch den Kompostwerksbetreiber aus?")

2.3.3 Weitere einschränkende Absatzbedingungen

Der Bedarf an organischer Substanz ist in den einzelnen Bereichen des Pflanzenbaus sehr unterschiedlich und unterliegt auch Veränderungen. So sinkt z.B. der Bedarf im Wein- und Obstbau stark, indem zunehmend Begrünungssysteme in den Anlagen praktiziert werden. Auch Anwendungsbeschränkungen aus Umweltschutzgründen, z.B. wegen der Gefahr der Nährstoffauswaschung oder wegen Überdüngung in der Vergangenheit (z.B. Hobbygarten), sowie spezielle Qualitätsanforderungen wie sehr geringe Salzgehalte der Komposte können den Absatz beeinflussen. Grundsätzliche Beschränkungen sind für viele Bereiche durch die Düngemittelanwendungsverordnung (Entwurf) bezüglich der Nährstoffe und die novellierte Klärschlammverordnung bezüglich der Schadstoffe gegeben (vgl. Kap. 3).

Weitere einschränkende Absatzbedingungen sollen hier nur beispielhaft aufgeführt werden, da ihr Einfluß auf den Kompostabsatz zum Teil regional sehr unterschiedlich ist:

- Hoher Viehbesatz (≥ 2 GV/ha),
- Wasserschutzgebiete,
- Extensivierungsflächen,
- Hessischer Domänenerlaß (Verbot der Kompostaufbringung auf landwirtschaftliche Flächen der Staatsdomänen; ursprünglich für Mischmüllkompost gedacht, jedoch noch gültig),
- Ausschreibungspraxis hinsichtlich garten- und landschaftsbaulicher Maßnahmen,
- Preis/Transport: Wegen relativ geringer Transportwürdigkeit ist eine Transportentfernung nicht veredelter Komposte von rund 20 km in der Regel die Grenze für Selbstabholer.

2.3.4 Stellenwert der Verwertungsbereiche

Grundsätzlich sind pflanzenbauliche Verwertungsbereiche (einschließlich der Veredelungsstufe Erden/Substrate/Humusprodukte) mit originärem Bedarf an Humusstoffen abzugrenzen von Bereichen, die Kompost zwar – vor allem wegen der Gehalte an Haupt- und Spurennährstoffen, aber auch wegen des Gehaltes an organischer Substanz – nutzen können, die aber Humusstoffe aus dem Zukauf nicht direkt benötigen. Zu den ersteren gehören, wenn sie auch in sehr unterschiedlichem Maß Humusprodukte benötigen, die erden- und substratherstellende Industrie, der Garten-, Landschafts- und Sportplatzbau, die Baumschulen, das „öffentliche Grün" (einschließlich Straßenbegleitgrün) und die Rekultivierungen sowie teilweise der Erwerbsgartenbau (Gemüse und Zierpflanzen), bestimmte landwirtschaftliche Sonderkulturen, der Wein- und Obstbau und der Hobbygartenbau. Die Bereiche Ackerbau und Forstwirtschaft benötigen dagegen nur in wenigen Teilbereichen über die selbst erzeugten Humusprodukte hinaus organische Substanz aus Zukauf.

Des weiteren ist zu beachten, daß es allgemeine vermarktungsrelevante Kriterien gibt, die für alle Marktsegmente oder Zielgruppen mehr oder weniger gleichermaßen gelten, wie sozialpsychologische Tendenzen (Auswirkungen auf die Akzeptanz der Komposte), Umwelt- und Bodenschutz usw. Daneben sind marktsegmentspezifische Kriterien wie die Konjunkturentwicklung oder Strukturveränderungen im Segment zu berücksichtigen.

Davon unabhängig ist der Stellenwert der Marktsegmente stark zusammengefaßt und verallgemeinert in Tabelle 3 dargestellt. Weder regionale Differenzierungen noch zeitliche Aspekte sind hierbei berücksichtigt. Bei nur regional wichtigen Bereichen gilt die Bewertung für die betreffende Region.

Tabelle 3. Überblick über den Stellenwert pflanzenbaulicher Verwertungsbereiche für die Kompostvermarktung (ohne Berücksichtigung regionaler Differenzierung)

Bereich	Absatz-potential	Absatz-sicherheit	Qualitäts-anforderungen	mögliche Erlöse	Entwicklungs-chancen
Erden- und substratherstellende Industrie	++	++	++	+	++
Garten-,. Landschafts- und Sportplatzbau	++	+	+/-	++	+
Baumschulen	+/-	+/-	+	+	+
Bodenkultur im Erwerbsgartenbau (Gemüse und Zierpflanzen)	+	+/-	+	+	+
Hobbygartenbau	+	+/-	+	+	+/-
Öffentliche Grünanlagen	+	++	+/-	+/-	+
Straßenbegleitgrün	+/-	+/-	+/-	+/-	+/-
Rekultivierungen	+	+	+/-	+/-	+
Weinbau	+	+	+/-	+/-	+
Obstbau	+/-	+/-	+/-	+/-	+/-
landwirtschaftliche Sonderkulturen wie Spargel	+	+	+/-	+/-	+
Landwirtschaft	++	+/-	+/-	-	+
Forstwirtschaft	+/-	+/-	+	-	+/-

++ = sehr hoch/sehr gut, + = hoch/gut, +/- = mittel oder uneinheitlich, - = weniger hoch/weniger gut

3 Grundsätzliche Absatzpotentiale

Das theoretische Verwertungspotential für Bio- und Grünkomposte ist insgesamt sehr hoch, wenn als Maßstab die Menge an Substitutionsprodukten, die mögliche Markterweiterung und die für den Einsatz potentiell vorhandenen pflanzenbaulichen Nutzflächen berücksichtigt werden. An nur zwei Beispielen soll gezeigt werden, daß die Absatzmöglichkeiten grundsätzlich ausreichen. Eine hohe und dauerhafte Qualität der Bio- und Grünkomposte ist jedoch ebenso unbedingte Voraussetzung wie die aktive Erschließung der potentiellen Märkte durch offensives Marketing.

So wurden 1990 ca. 9,5 Mio. m^3 Torf in den pflanzenbaulichen Bereichen der „alten" Bundesländer abgesetzt, wobei in jüngster Zeit die Erwerbsbetriebe mehr Torf und Torfprodukte einsetzen als der Hobbygartenbau (ZIT 1990). Die Herstellung von reinem Torf als Ballenware zur Bodenverbesserung ist dabei rückläufig, während die Veredelung von Torf in Blumenerden und Substraten weiter zunimmt. Bei einem Torfersatz von z.B. 50 % in Bodenverbesserungsmitteln für das Freiland und einem Einsatz von 20–30 % Bio- oder Grünkompost in Blumenerden sowie in gärtnerischen Substraten könnten ca. 3–4 Mio. m^3 Kompost in diesen Bereich fließen. Abgesehen von der großen potentiellen Absatzmenge könnte bei Einhaltung der geforderten Gütekriterien mit einer stabilen Nachfrage und akzeptablen Erlösen gerechnet werden. Die jüngsten Entwicklungen im Bereich Erden und Substrate geben zu Optimismus Anlaß.

Betriebe des Garten-, Landschafts- und Sportplatzbaus sind nach verschiedenen Marktanalysen der igw-Kompostverwertung bereit, je nach Betriebsgröße zwischen 10 und 2000 m^3 Fertigkompost pro Jahr anzunehmen. Es besteht eine starke Abhängigkeit von der Siedlungsstruktur und vor allem von der Ausschreibungspraxis. Für viele Kompostwerke bedeutet dies einen Absatz von 20 – 50 % des erzeugten Kompostes in diesem Bereich.

Werden die Vorgaben des Entwurfs der Düngemittelanwendungsverordnung 1992 und der novellierten Klärschlammverordnung (AbsKlärV 1992) sinngemäß auf den Einsatz von durchschnittlichen Bio- und Grünkomposten angewendet, können auf dem überwiegenden Teil der Böden 8–10 t TS/ha/a (14–17 t FS/ha/a, 20–25 m^3 FS/ha/a, 2–2,5 l/m^2/a) als kontinuierliche Gaben bei pflanzenbaulichen Bodenkulturen aufgebracht werden. Für die Gesamtmenge an Fertigkomposten aus der getrennten Sammlung wären dann 200 000–300 000 ha landwirtschaftlicher Nutzfläche ausreichend. Das entsprach im Jahr 1986 ca. 3–4 % der reinen Ackerfläche der „alten" Bundesländer. Grünland wird vermutlich von der Kompostanwendung ausgeschlossen werden.

Dieser theoretische Wert muß allerdings mit spezifischen Einschränkungen versehen werden. Dazu sind Ausbringungsverbote in Wasserschutzzonen und auf Flächen des Stillegungs- und Extensivierungsprogramms zu rechnen sowie ein zu hoher Transportaufwand bei großen Entfernungen zwischen Kompostwerk und landwirtschaftlichen Flächen. Weiterhin nehmen Betriebe mit starker Viehhaltung in der Regel keine Komposte ab, sondern sind teilweise ihrerseits gezwungen, Stallmist abzusetzen. Auch viehlose oder -arme Betriebe weisen heute mit modernen Produktionsmethoden oft eine ausgeglichene Humusbilanz auf und müssen über Eigenschaften der Bio- und Grünkomposte hinsichtlich des Erosions- und Verschlämmungsschutzes sowie über die bedeutenden Nährstoffgehalte informiert werden. Schließlich ist auch die Konkurrenz zur landwirtschaftlichen Verwertung von Klärschlämmen und, in verschiedenen Regionen, von organischen Gewerbeabfällen zu berücksichtigen. Nach Schätzungen stehen aus den genannten Gründen nur 10–30 % der landwirtschaftlich genutzten Fläche für die Anwendung von Biokomposten zur Verfügung, was bedeutet, daß tatsächlich zwischen 10 und 40 % der gesamten Ackerfläche erfaßt werden müßten, um die für die Kompostanwendung sinnvollen Flächen zu akquirieren.

Selbst bei noch ungünstigeren Annahmen wird klar, daß grundsätzlich keine Schwierigkeiten bestehen, die erzeugten Komposte sinnvoll zu verwerten, zumal nicht die gesamten produzierbaren Mengen „morgen" vorhanden sein werden (s. 2.1). Das eigentliche Problem besteht vielmehr in der Realisierung des vorhandenen Absatzpotentials.

4 Gesetzliche Vorgaben

Im Hinblick auf die Vermarktung von Biokomposten ist die neue „Technische Anleitung Siedlungsabfall" von zentraler Bedeutung. Neben der Maßgabe, daß die Komposte den Anforderungen des LAGA-Merkblattes M 10 in der jeweils gültigen Fassung genügen müssen, sind für die Genehmigung einer Kompostanlage nach Ziffer 8.4.1.4 zur Sicherstellung der dauerhaften Verwertung der erzeugten Biokomposte folgende Nachweise vorzulegen:

- eine Absatzpotentialschätzung für Komposte in Abstimmung mit den benachbarten entsorgungspflichtigen Körperschaften,
- ein Absatzkonzept.

Damit wird den eigentlich offentsichtlichen Notwendigkeiten einer marktwirtschaftlich orientierten Gesellschaft Rechnung getragen. In Zukunft können mittels dieser Vorschriften einige besonders eklatante Lücken im Getrenntsammlungskonzept geschlossen werden.

5 Notwendige Maßnahmen

Im folgenden werden wichtige Maßnahmen beschrieben, die im Sinne einer möglichst vollständigen „echten Vermarktung" der Biokomposte erfolgversprechend sind. Der Abschnitt ist unterteilt in überregional umzusetzende Maßnahmen und solche, die innerhalb der einzelnen Kompostierungsprojekte durchzuführen sind.

5.1 Überregionale Maßnahmen

5.1.1 Rechtliche Rahmenbedingungen

Zur Zeit sind verschiedene Aktivitäten zu beobachten, die klare Regelungen für die getrennte Sammlung und Kompostierung organischer Abfälle herbeiführen sollen. Hierzu sind vor allem die Erarbeitung der Neufassung des LAGA-Merkblattes M 10, die Bemühungen um einheitliche europäische Normen im Rahmen des CEN sowie verschiedene Regelungen auf Länderebene zu zählen. Voraussichtlich wird die Neufassung des LAGA-Merkblattes M 10 auch differenzierte Anwendungsbestimmungen für die Komposte enthalten. Ver-schiedentlich wird jedoch gefordert, neben dem zwar vielbeachteten, aber letztlich nicht juristisch bindenden LAGA-Merkblatt amtliche Verordnungen zu erlassen. Die Bestimmungen des LAGA-Merkblattes könnten z.B. nach Fertigstellung relativ zügig in Länderverordnungen umgesetzt werden. Möglicherweise wird aber auch eine Kompostverordnung auf Bundesebene erarbeitet werden. In jedem Fall jedoch sollten in zukünftigen amtlichen Verordnungen folgende Themenbereiche hinreichend differenziert behandelt werden:

– abfallwirtschaftliche Gesichtspunkte,
– Anforderungen an die Kompostqualität,
– anwendungsorientierte Richtlinien für den Einsatz von Komposten aus der getrennten Sammlung in den pflanzenbaulichen Bereichen einschließlich einer Frachtenregelung bezüglich Nähr- und Schadstoffen sowie einer Vorschrift für Bodenuntersuchungen,
– Vermarktungsaktivitäten.

In den Anwendungsrichtlinien sollten vor allem die Bestimmungen des Düngemittelrechts berücksichtigt werden, was auch in der TA Siedlungsabfall, Ziffer 8.4.1.2, vorgesehen ist. Von besonderer Bedeutung für die Anwendungsmengen werden die Nährstoffbegrenzungen in der neuen Düngemittelanwendungsverordnung sein. Außerdem sind selbstverständlich die Regelungen der Klärschlammverordnung anzuwenden.

Zwei grundlegende Vorteile sind hinsichtlich der Kompostvermarktung von den Regelwerken zu Recht zu erwarten:

- ein möglichst allgemeiner Konsens über die sachgerechte Kompostverwertung und damit eine Grundlage zur Orientierung der Anwender und Stabilisierung des potentiellen Marktes,
- eine Konkretisierung der Vorgaben für die Marketingaktivitäten.

Auf der Ebene unterhalb der genannten Verordnungen, Erlasse und Länderübereinkünfte sind Hemmnisse für die Verwertung qualitativ hochstehender Komposte aus dem Weg zu räumen. Beispielhaft sei hier der Hessische Domänenerlaß genannt, der ein ursprünglich für Mischmüllkompost gedachtes Verbot der Kompostaufbringung auf landwirtschaftliche Flächen der Staatsdomänen beinhaltet, das immer noch gültig ist, obwohl eine völlig neue Kompostqualität angeboten wird.

5.1.2 Grundlageninstrument: Marktsicherung und -erschließung durch Forschung und Entwicklung

In einigen wesentlichen Teilbereichen der Kompostanwendung, die für den Absatz von enormer Bedeutung werden können, besteht Forschungs- und Entwicklungsbedarf. Zu nennen sind vor allem folgende Bereiche:

- Substrate: Erstellung von Qualitätsrastern für substratfähige Komposte und die daraus hergestellten Erden im spezifischen Anwendungsbereich sowie Entwicklungsarbeit;
- Stickstoffdynamik: Entwicklung der Stickstoffakkumulation und -freisetzung bei langfristiger Kompostanwendung;
- Frischkompost: Auswirkungen bei verschiedenen Anwendungszeitpunkten und Kulturen im Freiland;
- Phytohygiene und allgemeine Hygiene: Absicherung der Kompostqualität als Vermarktungsvoraussetzung.

Auch bei Torf- und Rindenprodukten mußten umfangreiche Forschungs- und Entwicklungsarbeiten durchgeführt werden, um ihre Anwendung im Substratbereich abzusichern und damit die Grundlage zur umfassenden Erschließung des potentiellen Marktes zu schaffen. Dasselbe muß für den Biokompost und die daraus herstellbaren Produkte gelten. Eine Förderung von Grundlagenanwendungsversuchen im Freiland und der Arbeit im Substratbereich würde sich sicher in einer Stabilisierung des Kompostabsatzes niederschlagen. Darüber hinaus können Untersuchungen, die im Absatzgebiet von Kompostwerken angestellt werden, sowohl wissenschaftliche Daten liefern als auch der konkreten

Marktvorbereitung dienen („Demonstrationsobjekte"). Voraussetzung hierfür ist ein von vornherein zielgerichtet geplantes Vorgehen.

5.1.3 Anwendungsempfehlungen

Zusätzlich zu den zwangsläufig eher allgemeinen Richtlinien zur Kompostanwendung in Verordnungen, Erlassen und Länderübereinkünften sind konkrete Anwendungsempfehlungen der pflanzenbaulichen Fachverbände sinnvoll. Je besser die sachgerechte Anwendung der Komposte in den pflanzenbaulichen Bereichen verankert wird, desto stabiler wird sich der Kompostabsatz gestalten lassen. Notwendig sind allerdings Empfehlungen, die zwischen den Fachverbänden des Pflanzenbaus abgestimmt sind.

Die Bundesgütegemeinschaft Kompost (BGK) bzw. die Regionalgütegemeinschaft Südwest in der BGK ließ bereits Anwendungsbroschüren für den Wein- und Obstbau, den Erwerbsgartenbau sowie für den Hausgartenbereich erstellen. In den nächsten Monaten werden die Anwendungsempfehlungen für den Bereich Garten-, Landschafts- und Sportplatzbau erscheinen. Bei den Mengenempfehlungen werden die Bestimmungen der neuen Düngemittelanwendungsverordnung und die der Klärschlammverordnung sinngemäß berücksichtigt.

Auf der Ebene der Kompostwerke existieren allerdings Anwendungsempfehlungen, die nicht immer sachgerecht zu nennen sind. Eine möglichst zügige Harmonisierung der Richtlinien und Empfehlungen ist wichtig, um einer Verunsicherung sowohl der für die Kompostproduktion Verantwortlichen als auch der Anwohner vorzubeugen bzw. eine bereits bestehende Verunsicherung abzubauen.

5.1.4 Haftungsfragen

Vor allem aus der Landwirtschaft wird häufig die Forderung erhoben, ein theoretisches „Restrisiko" für die Anwender im Hinblick auf mögliche zukünftige gesetzliche Regelungen und/oder neue wissenschaftliche Erkenntnisse durch eine umfangreiche Haftung der Komposthersteller, z.B. im Rahmen eines Haftungsfonds, abzusichern. Auf der einen Seite ist das genannte Risiko als extrem gering einzustufen, auf der anderen Seite könnte eine solche Haftung den Kompostabsatz stabilisieren. Möglicherweise verliert die Frage der Haftung an Bedeutung, wenn die Kompostanwendung durch Länderverordnungen auf Grundlage des neuen LAGA-Merkblattes M 10 oder durch eine spezielle Kompostverordnung geregelt wird.

5.1.5 Einsatz von Biokomposten durch Kommunen und Ausschreibungspraxis

Im öffentlichen Interesse sollten Straßen-, Garten- und Friedhofsämter Recyclingprodukte wie Biokomposte bevorzugt in ihrem Bereich einsetzen, wenn sie nicht über ausreichend eigenen Kompost verfügen. Zum Teil geschieht dies bereits, es sollte jedoch allgemeine Norm werden. Die Eignung der angebotenen Komposte für die Anwendungszwecke muß selbstverständlich gegeben sein.

Betriebe des Garten-, Landschafts- und Sportplatzbaus haben bei öffentlichen oder halböffentlichen Auftraggebern konkrete Ausschreibungsvorgaben zu erfüllen. Auch hierbei sollte es Norm werden, in erster Linie geeignete Komposte oder Kompostprodukte in den Ausschreibungen zu berücksichtigen.

Ähnlich wie bei der Revision des unter 5.1.1 angesprochenen Domänenerlasses ist es für die Kompostanwendung von großer Bedeutung, daß die öffentliche Hand hinsichtlich der Anwendung von Biokomposten mit gutem Beispiel vorangeht und die Wiederverwertungs- und Kreislaufkonzepte auch bei der Anwendung von Recyclingprodukten aktiv fördert.

5.1.6 Vermarktungsorganisationen

Die ungesteuerte Entwicklung kleinräumiger Vermarktungsstrukturen führt aller Voraussicht nach nur bei räumlich und auch absolut gesehen eng begrenzter Kompostmenge zu einer befriedigenden Absatzsituation. Es wird auf Dauer unumgänglich sein, übergeordnete Organisationen für die Kompostvermarktung zu etablieren, um den steigenden Anforderungen gewachsen zu sein.

Zur Zeit existiert neben den lokalen Vermarktungsstrukturen nur die Deutsche Komposthandelsgesellschaft (DHK, s. 2.2), die in ganz Deutschland aktiv ist oder sein wird. In Teilregionen wie z.B. in Südhessen werden Anstrengungen unternommen, einen Verbund zwischen Kompostierungswerken zum Zwecke der Koordination und Aktivierung der Kompostvermarktung zu entwickeln. Aus folgenden Gesichtspunkten heraus erscheint jedoch die Schaffung einer Vermarktungsorganisation auf dem Niveau von Großregionen (ein bis mehrere Bundesländer oder das Gebiet von Regionalgütegemeinschaften) als sehr sinnvoll und zweckmäßig:

– Verschiedenartige Strukturen der pflanzenbaulichen Produktion in den Teilregionen der Bundesländer bieten die Möglichkeit, eine relative Überschußproduktion eines Gebietes in anderen Teilgebieten abzusetzen.
– Die Transportentfernungen bleiben trotzdem in einem überschaubaren Rahmen.
– Negative Folgen für die gesamte Kompostvermarktung durch kleinräumige Konkurrenz wird vermieden; es entsteht ein gemeinsamer Markt.

- In den Regionalgütegemeinschaften Kompost sind viele Kompostwerke aus den beteiligten Bundesländern bereits jetzt verbunden.
- Kommunikationsstrukturen auf Länderebene und zwischen den Kompostierungswerken erleichtern die Arbeit der zu etablierenden Vermarktungsorganisation.
- Eine gewisse Konkurrenzsituation zwischen mehreren größeren Vermarktungsorganisationen ist für die Kompostvermarktung voraussichtlich förderlich (keine Monopolstellung einer Organisation).

Die Arbeitsbasis einer Vermarktungsorganisation auf der Ebene von Großregionen wären überregionale Marktanalysen und hieraus folgende Marketingkonzepte. Bisher ist Niedersachsen die einzige Großregion, in der eine umfangreiche Marktanalyse erarbeitet wurde (Niedersächsisches Umweltministeriun 1992). Sollten ausreichend Marktstudien auf der Ebene von Großstädten und Landkreisen in einer Großregion vorhanden und zugänglich sein, könnte sich eine weitere Erhebung erübrigen. Ein schlüssiges Marketingkonzept und vor allem die entsprechende Vermarktungsstrategie sind jedoch essentiell.

Eine Clearingstelle wäre möglicherweise geeignet, den Bedarf an bundesweiter Abstimmung der Kompostvermarktung zu befriedigen (s. auch Grube 1992). Bei eng begrenzter Aufgabenstellung (z.B. Koordination der Marketingpolitik, Herstellen von Kontakten, Vermittlung bei Überschußmengen) könnte diese Stelle mit relativ geringen Mitteln eine wichtige Lücke füllen. Eine noch engere Aufgabenstellung hätte eine einzurichtende Kompostbörse, die an diese Clearingstelle angegliedert sein oder aber auch als selbständiges Element fungieren könnte. Auch andere Rohstoffbörsen wurden zum Zwecke der Optimierung der Verwertung eingerichtet.

5.2 Regionale Maßnahmen (Kompostwerks- oder Kreisebene)

Marketingaktivitäten im Kompostbereich bewegen sich auf den vier nachfolgend genannten Ebenen:

- Marktanalyse,
- Marktvorbereitung,
- Markteinführung,
- Marktsicherung und -ausweitung.

Die einzelnen Schritte werden von der Planungsphase an über die Einführung der Kompostierung bis schließlich im Rahmen des Dauerbetriebes durchgeführt.

5.2.1 Notwendige Marketingaktivitäten in der Planungsphase und während der Einführung der Kompostierung

Das Kernstück der Grundlagenermittlung für die Kompostvermarktung ist die Erfassung des spezifischen regionalen Verwertungspotentials und der Vermarktungsbedingungen für das erzeugte Recyclingprodukt Kompost über die projektspezifische Marktanalyse. Je nach Ergebnis der Marktanalyse kann es notwendig sein, die besonders wichtigen Anwendergruppen im Bereich der Groß- und Generalabnehmer für Komposte über eine weitergehende Großabnehmerakzeptanzanalyse zu erfassen.

Die Übergänge zwischen Marktanalyse, Marktvorbereitung und Markteinführung im Kompostbereich sind fließend, alle drei Bereiche sind eng miteinander verzahnt. Für eine praxisbezogene und erfolgreiche Vermarktung müssen deswegen einzelne Elemente der nachfolgenden Vermarktungsebene bereits teilweise in die Bearbeitung der vorhergehenden Vermarktungsstufe integriert werden.

Im Rahmen der projektspezifischen Marktanalyse ist es damit auch nicht ausreichend, lediglich bei den Verbrauchern für Komposte oder beim Handel Akzeptanz und Verwertungsbedingungen abzufragen. Vielmehr müssen schon auf dieser Stufe beispielsweise eine direkte Rückkopplung mit den Multiplikatoren im Vermarktungsbereich und Erhebungen bei den zuständigen pflanzenbaulichen Fachbehörden zur Kompostverwertung erfolgen. Damit werden spätere „Querschläger" von dieser Seite vermieden, die auch bei guter Akzeptanz der Verbraucher für die Komposte eine Verwertung gefährden können.

Die zu diesem Zweck im Verlauf der projektspezifischen Marktanalyse geführten Gespräche sind auch bereits für die Marktvorbereitung wesentlich und müssen durch eine Fachperson erfolgen, die sowohl umfangreiche Erfahrungen im Bereich Kompostierung und Kompostverwertung als auch im Pflanzenbau aufweist. Üblicherweise führen solche Fachgespräche weiterhin schnell zu dem notwendigen intensiven Kontakt zwischen der entsorgungspflichtigen Körperschaft und den pflanzenbaulichen Fachbehörden bzw. Verbänden, denen eine Schlüsselstellung bei der regionalen Umsetzung der Verwertungskonzeption für Komposte zukommt.

Das Marketingkonzept nimmt eine zentrale Stellung im Rahmen der Kompostverwertung ein. Es basiert auf den Ergebnissen der Marktanalyse und bindet alle einzelnen Maßnahmen für die relevanten Bereiche der Kompostvermarktung in eine zielgerichtete Strategie ein. Es verknüpft damit sozusagen als „roter Faden" die verschiedenen Marketingebenen Marktanalyse, Marktvorbereitung und Markteinführung der Produkte.

Auch im Rahmen neuer Abfallwirtschaftskonzepte wird der strikten Einhaltung der Entsorgungssicherheit unbedingte Priorität eingeräumt. Die projektspezifische

Marktanalyse schafft mit der Ermittlung der Vermarktungssicherheit der Komposte die hierfür notwendigen Grundlagen. Das Marketingkonzept beschreibt die zielgerichtete Umsetzung aller Marketingmaßnahmen, die vor dem Hintergrund der Entsorgungssicherheit aus der Marktanalyse abgeleitet wurden. Neben der Gewährleistung einer gesicherten Entsorgung sollte die Vermarktung der gewonnenen Recyclingprodukte zur Einhaltung wirtschaftlich günstiger Konditionen im Abfallwirtschaftsmodell der getrennten Sammlung und Kompostierung beitragen. Auch in diesem Zusammenhang werden im Marketingkonzept geeignete Strategien zur Steuerung der relevanten Rahmenbedingungen entwickelt.

Je nach personeller Besetzung kann ein Teil der Maßnahmen von den Gebietskörperschaften und/oder den zukünftigen Anlagenbetreibern selbst durchgeführt werden. In der Regel wird eine fachlich versierte Stelle die erwähnten Aufgaben in enger Kooperation mit dem Auftraggeber durchführen.

5.2.2 Notwendige Marketingaktivitäten der Kompostwerksbetreiber bei der Produkteinführung und im Dauerbetrieb

In der Phase der Marktvorbereitung und Markteinführung der Produkte wird mit Hilfe diverser Maßnahmen und Aktionen das Marketingkonzept konsequent umgesetzt. Die notwendige intensive Vorbereitung der Märkte vor einer zügigen Produkteinführung umfaßt dabei beispielsweise die kontinuierliche Fachinformation pflanzenbaulicher Erwerbsbetriebe und anderer Anwendungsbereiche, die Rückkopplung mit den für die relevanten pflanzenbaulichen Märkte zuständigen Behörden, die Ansprache der Multiplikatoren im Vermarktungsbereich, gemeinsame Veranstaltungen von Kompostproduzenten, Verwertern und Fachbehörden, Demonstrationsanwendungen für einen positiven Komposteinsatz, diverse Werbemaßnahmen, Produktentwicklungen auf Basis der in der Pilotphase hergestellten Komposte usw.

Auch die Phasen Marktsicherung und -ausbau müssen in der Marketingkonzeption bereits berücksichtigt werden. Zur Absatzsicherung und wegen möglicher, unvorhersehbarer Entwicklungen sollten die während der Marktvorbereitung und Markteinführung der Produkte erschlossenen Märkte weiter intensiv betreut und zusätzliche Absatzbereiche oder auch Einsatzgebiete innerhalb von Marktsegmenten, in die bereits Kompost vermarktet wird, erschlossen werden.

Der Produktdiversifikation nach Anwendungszwecken kommt bei der Kompostherstellung besondere Bedeutung zu (vgl. Gottschall u. Stöppler-Zimmer 1992). Entsprechend den Ergebnissen der Marktanalyse müssen marktgerechte Komposte und Kompostprodukte angeboten werden. Dies wird besonders deutlich, wenn man sich vor Augen hält, welche unterschiedlichen Ansprüche z.B. gestellt werden, wenn Komposte oder Kompostprodukte als Blumenerde für Balkonkastenbepflanzung, als Mulch im Bereich GaLaBau oder als Bodenverbesserungsmittel mit Düngewirkung im Feldgemüsebau verwendet werden sollen.

Die Organisation der Vermarktung und der Kommunikationsstrategie nimmt im Rahmen der Kompostabsatzes eine zentrale Stellung ein. So können externe Vertriebsorganisationen mit wesentlichen Aufgaben des Kompostmarketings betraut werden, oder der Kompostwerksbetreiber führt die Aktivitäten selbst durch; eine Veredelungsstufe kann im Rahmen des Kompostwerkes eingeführt oder aber einem Erdenwerk übertragen werden, die Kommunikation kann vom Betreiber oder einer beauftragten Stelle übernommen werden. Zielgerichtete Entschei-dungen hierzu können jedoch nur auf Grundlage der Ergebnisse der Marktanalyse getroffen werden.

Prinzipiell besteht während der Markteinführung der Komposte und während des Dauerbetriebs die Möglichkeit für den Werksbetreiber, einen erheblichen Teil der Aktivitäten selbst durchzuführen. Entscheidend ist jedoch, ein Mindestmaß an personellen und finanziellen Ressourcen für das Marketing bereitzustellen. Ohne die heute schon zu beobachtende Größenordnung der Bezuschussung von bis zu 50 DM je Tonne Kompost zu erreichen, kann so ein stabiler Markt und eine Wertschätzung für die Komposte erzielt werden. Außerdem ist ein gewisser Erlös zu erwarten, der jedoch wegen der zu Anfang unklaren Absatzsituation im konkreten Projektgebiet nicht von vornherein einkalkuliert werden darf.

6 Fazit

Die Entwicklung der getrennten Sammlung und Kompostierung organischer Abfälle verläuft in Phasen mit unterschiedlichen Schwerpunkten. Zuerst wurde die Funktionalität der ausreichend sortenreinen Trennung und Sammlung geprüft. Anschließend folgte eine stürmische Entwicklung verschiedener Kompostierungsverfahren und, relativ zügig, der Qualitätssicherung. Heute ist eine Hinwendung zur Optimierung und Regelung der sachgerechten Verwertung der erzeugten Komposte zu beobachten. Zukünftig jedoch muß auch der offensiven Vermarktung der Komposte verstärkte Aufmerksamkeit gewidmet werden, um Absatzprobleme möglichst gar nicht erst in größerem Umfang entstehen zu lassen.

In der Einleitung wird festgestellt, daß die getrennte Sammlung und Kompostierung organischer Abfälle in erster Linie aus dem abfallwirtschaftlichen Grund durchgeführt wird, die Restmüllmenge zu verringern. Dies ist natürlich richtig. In einem größeren Zusammenhang betrachtet ist aber auch richtig, daß durch die Herstellung und sachgerechte Verwertung von Biokomposten ein Schritt zur Ökologisierung unseres gesamten Produktions- und Konsumbereiches erfolgt. Auf der einen Seite können nur Kreislaufwirtschaften auf Dauer stabil sein. Auf der anderen Seite können und müssen durch die sachgerechte Anwendung von

Biokomposten aber auch weitere positive Effekte wie die Einsparung von Torf, mineralischen Düngemitteln und, durch die noch zu wenig beachteten phytosanitären Wirkungen der Komposte, von Pflanzenschutzmitteln eintreten.

Diese Aspekte der Kompostierung werden immer weniger beachtet, und die Befürworter und Betreiber der getrennten Sammlung und Kompostierung lassen sich durch die Schadstoffdiskussionen bei der Meinungsbildung in die Defensive drängen. Die hohe Qualität des Konzeptes als Ganzes und speziell des Produktes Biokompost sollte jedoch offensiv vertreten werden. Die gesamte Gesellschaft, und wir gehören natürlich dazu, muß Sorge dafür tragen, daß die Menge der Schadstoffe im Produktions- und Konsumgeschehen und schließlich in der gesamten Umwelt abnimmt. Langfristig gesehen muß ein allgemeines Bewußtsein darüber herbeigeführt werden, daß auch Produkte aus Abfällen zielgerichtet für bestimmte Anwendungszwecke hergestellt werden. Dazu gehört natürlich, daß den Ansprüchen der potentiellen Abnehmer durch eine angemessene, d. h. auf den Ergebnissen einer Marktanalyse beruhende Produktdiversifikation Rechnung getragen wird.

Zu der angesprochenen ungünstigen, defensiven Position in der Meinungsbildung kommt hinzu, daß die derzeitigen Vermarktungsaktivitäten im Kompostbereich in der Regel völlig ungenügend sind. In unserer Überflußgesellschaft (nach wie vor, trotz augenblicklicher Rezession) kann nahezu nichts ohne gezielte Marketingmaßnahmen abgesetzt werden, geschweige denn ein erklärungsbedürftiges Produkt wie Kompost aus Abfällen. Der (potentielle) Markt für Komposte und Kompostprodukte muß analysiert und anschließend aktiv und offensiv erschlossen, gesichert und ausgeweitet werden.

Im Bewußtsein der für die Durchführung des Getrenntsammlungskonzeptes Verantwortlichen müssen folgende „Kettenglieder" als zusammengehörend verankert sein:

- Abfall/Rohstoff: getrennte Sammlung, hohe Produktqualität;
- Produktion/Verwertung: Informationsaustausch (Anforderungen aus dem Pflanzenbau, Produktdiversifikation), Akzeptanzsteigerung, dynamische Entwicklung von Produktion und Verwertung;
- Verwertung/Vermarktung: modernes Management, Kommunikationsstrategie, Markterschließung, Absatzsicherheit.

Produktion und Verwertung der Biokomposte müssen gleichberechtigt nebeneinander stehen, um dem gesamten Konzept zum Erfolg zu verhelfen. Und wie zur Produktion die Maßnahmen um die Erfassung der Abfälle gehören (z.B. angemessene Öffentlichkeitsarbeit, um Sortenreinheit der organischen Abfälle und hohe Qualität des Kompostes zu erreichen), muß die Verwertung durch Marketingaktivitäten unterstützt werden (z.B. angemessene Serviceleistungen, Werbung und

Verkaufsförderung, um Abnehmer zu gewinnen und hinsichtlich einer sachgerechten Anwendung zu beraten).

Literatur

Fricke K, Nießen H, Vogtmann H, Hangen HO (1991) Die Bioabfallsammlung und -kompostierung in der Bundesrepublik Deutschland – Situationsanalyse 1991. Schriftenreihe für die Nutzbarmachung von Siedlungsabfällen e. V. (ANS), Heft 20

Gottschall R, Stöppler-Zimmer H (1992) Qualitätssicherung und anwendungsorientierte Produktdiversifizierung bei Bio- und Grünkomposten. „Perspektiven zur biologischen Abfallbehandlung", Symposium des Bundesministeriums für Umwelt, Naturschutz und Reaktorsicherheit, Saarbrücken, 6.-7.7.1992. Tagungsband im Druck

Gottschall R, Thom M, Vogtmann H (1991) Pflanzenbauliche Verwertung von Bioabfall- und Grünabfallkomposten. Umwelt-Technologie 1, 5-12

Grube G (1992) Langfristige Sicherung des Kompostabsatzes. 46. Informationsgespräch des Arbeitskreises für die Nutzbarmachung von Siedlungsabfällen e. V. (ANS), Heft 9

Niedersächsisches Umweltministerium (1992) Marktstudie zur langfristigen Sicherung des Absatzes von niedersächsischen Komposten. Hannover

Stöppler-Zimmer H, Gottschall R, Gallenkemper B (1993) Qualitätsanforderungen und Anwendung von Biokomposten. Studie im BMFT-Verbundvorhaben „Neue Techniken zur Kompostierung", Veröffentlichung im 1. Halbjahr 1993

ZIT (Zentrale Informationsstelle Torf und Humus) (Hrsg) (1990) Ein Portrait: Die Torf- und Humuswirtschaft in der Bundesrepublik Deutschland. Hannover

Thermische Behandlung von Restabfall

Kerstin Kuchta

1 Einleitung

Die Eckpfeiler der Abfallgesetzgebung der Bundesrepublik Deutschland sind die Abfallvermeidung, die Abfallverwertung und die Abfallentsorgung. Die Abfallvermeidung soll durch flankierende rechtliche Maßnahmen wie z.B. die Verpackungsverordnung, die Altpapierverordnung, die Elektro- und Elektronikschrottverordnung sowie Verordnungen zur Regelung der Bereiche Baustellenabfälle, Batterien, Altautos etc. realisiert werden. Für die Abfall-verwertung, die Abfallbehandlung und sonstige Abfallentsorgung im Bereich der Siedlungsabfälle bestimmt die Technische Anleitung Siedlungsabfall den Rahmen und die Anforderungen.

Das sich aus der TA Siedlungsabfall ergebende Handlungskonzept beinhaltet in eindeutiger Reihenfolge die Eckpunkte

– Vermeidung,
– Verwertung,
– Behandlung,
– Ablagerung.

Selbst bei weitgehender Einbeziehung sämtlicher denkbarer Vermeidungs- und Verwertungsverfahren wird immer ein Restmüll verbleiben, der nur abgelagert werden kann. An die Vorbehandlung dieser Abfälle werden jedoch so hohe Maßstäbe angelegt, wie sie zur Zeit nur durch thermische Verfahren zu erreichen sind.

Thermische Restmüllbehandlungsanlagen müssen zu entsorgende Abfälle primär in eine wiederverwertbare oder, im Falle des Fehlens von alternativen Möglichkeiten, in eine sicher ablagerungsfähige Rückstandsform umwandeln. Nach offiziellen Schätzungen müssen im Vollzug der TA Siedlungsabfall mindestens 36 neue Anlagen zur thermischen Behandlung von Restmüll betrieben werden, um diese Anforderungen erfüllen zu können. Es wird mit Intensivkosten im Bereich von 10 Mrd. DM gerechnet (Entschließungen des Bundesrates zur TA Siedlungsabfall 1993).

Unter der Zielstellung der Bewältigung der vorstehend genannten Aufgaben wurden in den letzten Jahren einige thermische Behandlungsverfahren mit hohem Innovationspotential neu- oder weiterentwickelt. Neben der energetischen Nutzung der im Restmüll enthaltenen Energie trat nun im Einklag mit der TA Siedlungsabfall zunehmend auch der Verwertungsaspekt der Produkte (Schlacke, Synthesegas etc.) in den Vordergrund.

Im folgenden wird der Regelungsgehalt der TA Siedlungsabfall in bezug auf die thermische Behandlung vorgestellt. Im Anschluß an eine kurze Einführung in die Grundlagen der thermischen Behandlung werden thermische Verfahren vorgestellt, die bereits heute oder in absehbarer Zukunft in Einklang mit der TA Siedlungsabfall die Vorbehandlung abzulagernder Abfälle übernehmen können. Anschließend wird die aktuelle Diskussion um die Frage „Was soll thermisch behandelt werden und mit welchem Ziel?" erörtert.

2 Die thermische Behandlung in der Technischen Anleitung Siedlungsabfall

Zukünftig können nur noch solche Abfälle den Deponien der Klasse I und II zugeordnet werden, die nicht verwertbar sind und die Zuordnungskriterien des Anhangs C der TA Siedlungsabfall einhalten. Dadurch soll erreicht werden, daß Gefahren für Umwelt und Gesundheit durch problematische Sickerwässer und klimarelevante Deponiegase sowie neue Altlasten vermieden werden.

Da auch aufwendige Abdichtungssysteme keinen absoluten Schutz auf Dauer garantieren, sollen zukünftig nur noch Abfälle deponiert werden, die keine negativen Auswirkungen auf die Umwelt befürchten lassen. Für Abfälle, die diesen Anforderungen nicht genügen, ist eine Vorbehandlung vor der Ablagerung erforderlich. Bestimmend hierfür sollen vorrangig der Grenzwert für den Restghalt an biologisch abbaubaren Bestandteilen im Restmüll sowie Eluatkriterien sein.

Enthalten die Abfälle organische Bestandteile, ist nach dem in der TA Siedlungsabfall festgelegten Stand der Technik nur die thermische Vorbehandlung geeignet. Die Festschreibung der Verbrennung als alleiniges Behandlungs- verfahren (Stief 1992) dokumentiert die Auffassung der Bundesregierung und der Mehrheit des Bundesrates, rief aber gleichzeitig heftigen Widerstand hervor. Der Sachverständigenrat für Umwelt hat die thermische Abfallbehandlung im Sondergutachten „Abfallwirtschaft" vom September 1990 als unverzichtbaren Schritt vor der Ablagerung bezeichnet. Die Mineralisierung bzw. Umwandlung der Restabfälle in „erdkrusten- oder erzähnliche" Stoffe ist nach Ansicht des Rates im

Hinblick auf unsere Nachfahren geboten, „denen keine mit Abfalldeponien angereicherte Lithosphäre hinterlassen werden sollte" (Rat von Sachverständigen für Umweltfragen 1990).

Da die TA Siedlungsabfall Anforderungen an Anlagen nach dem Stand der Technik formuliert und zur Zeit kein anderes Verfahren als die Müllverbrennung großtechnische Erfahrung vorweisen kann, bleibt sie zumindest bis 1995 das exklusive Abfallbehandlungsverfahren. Der Bundesrat forderte die Bundesregierung auf, bis spätestens Ende 1995 die Maßstäbe für die Zulassung von mechanisch-biologischen Behandlungsverfahren für Siedlungsabfälle zu benennen (Entschließungen des Bundesrates zur TA Siedlungsabfall 1993).

Als Verfahren der thermischen Behandlung sind in der TA Siedlungsabfall die Trocknungsverfahren, die Verbrennung, die Pyrolyse oder Entgasung, die Vergasung von Abfällen sowie Kombinationen dieser Verfahren benannt.

Unter Punkt 9 der TA Siedlungsabfall (TASi) werden Rahmenbedingungen für thermische Behandlungsanlagen formuliert: Dabei ist die oberste Zielsetzung der thermischen Behandlungstechniken, die Ablagerungsfähigkeit der Abfälle, zu erreichen. Hierzu sollen nach den Vorgaben der TA Siedlungsabfall (TASi 9.1)

– schädliche und gefährliche Inhaltsstoffe in den Abfällen zerstört, umgewandelt, abgetrennt, konzentriert oder immobilisiert werden;
– Volumen und Menge des Restabfalls weitestgehend reduziert werden;
– Rückstände in eine verwertbare oder zumindest ablagerungsfähige Form überführt werden.

Grundsätzlich dürfen nach der TA Siedlungsabfall nur solche Abfälle verbrannt werden, die eine selbsttätige Verbrennung ermöglichen. Ansonsten ist eine Vermischung mit nichtverwertbaren heizwertreichen Stoffen vorzuziehen, und gleichzeitig soll zur Homogenisierung des Abfalls und insbesondere zur Gewährleistung des möglichst vollständigen Ausbrandes für den Bedarfsfall eine Vorbehandlung eingerichtet werden.

Zur Verbesserung der Emissionssituation sind schadstoffhaltige Abfallstoffe von der thermischen Behandlung möglichst fernzuhalten. Dafür ist die getrennte Erfassung von Sonderabfällen und anderen Problemstoffen gefordert (TASi 9.1.1.1).

Im Punkt 9.1.2 werden sehr grobe Anforderungen an die Ausgestaltung thermischer Anlagen vorgegeben:

– Für die Bunker- und Lagerbereiche sowie für die notwendige Kapazität und Redundanz wird auf Einzelfallentscheidungen verwiesen.

- Für die Verbrennung werden Feuerraum und Nachbrennkammer mit den weitgehenden Ausbrand gewährleistender Geometrie und Einrichtung vorgeschrieben.
- Für Pyrolyse und Vergasungsanlagen ist eine „angemessene" Prozeßgasreinigung einzurichten.
- Die Behandlungsdauer im Kernverfahren muß prizipiell variierbar sein, und ein störungsfreier Austrag der Reststoffe ist zu gewährleisten.

Für Reststoffe der thermischen Verfahren besteht das Verwertungs- und Minimierungsgebot (TASi 9.1.2.2). Nichtverwertbare Rückstände müssen die Zuordnungskriterien der Deponieklasse I anstreben und der Deponieklasse II mindestens einhalten.

Emissionsbegrenzende Anforderungen an Errichtung, Beschaffenheit und den Betrieb von thermischen Abfallbehandlungsanlagen werden nicht in der TA Siedlungsabfall festgelegt. Sie sind in der am 23.11.1990 erlassenen 17. BImSchV (Verordnung über Verbrennungsanlagen für Abfälle und ähnlich brennbare Stoffe) vom 23.11.1990 (BGBl. IS. 2545, 2832) geregelt und entsprechend anzuwenden.

3 Thermische Behandlung von Restabfällen

Da die Anforderungen der TA Siedlungsabfall an die technische Ausgestaltung der thermischen Restabfallbehandlungsverfahren sehr undifferenziert sind, soll im folgenden Abschnitt ein Überblick über die Geschichte, die Grundlagen und den Stand der thermischen Behandlung gegeben werden.

3.1 Geschichte der thermischen Abfallbehandlung

Die im 19. Jahrhundert im allgemeinen unkontrollierte Verbringung von Unrat, Kot und sonstigen unerwünschten Abfällen erfolgte sowohl in der freien Natur als auch in dicht besiedelten Gebieten. Diese Praxis war ein Grund für die verheerenden Cholera- und Typhusepidemien und forderte mehr Menschenleben als das Kriegsgeschehen der damaligen Zeit.

Es ist ein wesentliches Verdienst der Wissenschaftler Pettenkofer, Koch und Pasteur, daß die Erkenntnis sich durchsetzte, daß die Epidemien keine gottgewollten Strafen, sondern durch Krankheitserreger aus Abfällen hervorgerufene Seuchen waren. Zur Verbesserung der Situation wurde daraufhin die organisierte Erfassung und Ablagerung fester und flüssiger Abfälle eingerichtet. 1876 erfolgte als weitere Konsequenz der Bau der ersten Müllverbrennungsanlage in Manchester. Schon damals wurde der erzeugte Dampf zum Antrieb von

Dampfmaschinen und zur Stromerzeugung genutzt, und die gewonnene Schlacke diente als Baustoff.

In Deutschland wurde die erste Müllverbrennungsanlage in Hamburg errichtet: Bei einer Choleraepidemie in Hamburg verhinderten Bauern aufgrund der zu erwartenden Gesundheitsgefährdung mit Waffengewalt die Verbringung der Abfälle auf ihre Äcker. Die Stadt Hamburg sah sich deshalb 1892 als erste deutsche Stadt zum Bau einer Müllverbrennungsanlage gezwungen, die 1895 den Betrieb aufnahm. Bis zum Jahr 1900 folgten weitere Müllverbrennungsanlagen, u. a. in Frankfurt, Kiel, Barmen, Altona, Fürth, Beuthen und Aachen (Reimann u. Hämmerli-Wirt 1992).

Seitdem entwickelte sich die Müllverbrennungstechnik immer weiter, so daß heute bereits die sogenannte „dritte Generation" von Müllverbrennungsanlagen in der Entwicklung begriffen ist: Die erste Generation verursachte Emissionen in einem Ausmaß, daß die Betroffenen gegen diese Art der Müllbeseitigung protestierten und durch massiven Druck auf die Entscheidungsträger neue Emissionsstandards durchsetzen konnten. Die zweite Generation – der heutige Stand – ist geprägt durch die Auflagen der 17. BImSchV. Die Emissionssituation ist deutlich verbessert, die Akzeptanz bei den Betroffenen jedoch weiterhin nicht gegeben: Größter Problempunkt ist die Qualität der Reststoffe. Die dritte Generation der thermischen Abfallbehandlung muß nun die Lösung der Reststoffproblematik erbringen.

3.2 Prozeßschritte der thermischen Behandlung

Die Verbrennung von Restabfällen vollzieht sich in mehreren Prozeßstufen bis zur vollständigen Oxidation zu den energieärmsten Verbindungen der Inhaltsstoffe. Bei den Verfahren der Müllverbrennung laufen die verschiedenen Prozeßstufen nebeneinander in einem Raum ab und sind von der Prozeßsteuerung nur sehr bedingt zu beeinflussen. Durch die Inhomogenität des Brennstoffs Abfall sind Schadstoffemissionen aufgrund von unvollständiger Oxidation zu erwarten.

Die neueren Verfahren trennen die Prozeßstufen in einzelne Verfahrensschritte auf und erreichen so eine verbesserte Regelbarkeit und die Möglichkeit, Schadstoffemissionen gezielt entgegenwirken zu können.

Im folgenden werden die Grundprozesse der thermischen Behandlung vorgestellt:

(1) Trocknung: Durch Wärmeabstrahlung oder Konvektion wird das Brenngut bei gleichzeitiger Verdampfung der Feuchte auf über 100 °C erwärmt. Der Trocknungsvorgang vollzieht sich bei 65–75 °C. Erst wenn ein großer Teil des Wassers verdampft wurde, kann die Temperatur weiter ansteigen.

(2) Entgasung/Pyrolyse: Pyrolyse, „Cracking", ist die Zersetzung des organischen Anteils der Einsatzstoffe unter Luftabschluß. Nachdem das Brenngut getrocknet ist, steigt die Temperatur über 100 °C. Ab ca. 250 °C gehen flüchtige Bestandteile, d. h. Restwasser, Schwelgase, Kohlenwasserstoffe und Teere, in die Gasphase über. Hauptreaktionsprodukte der Pyrolyse sind Kohlenwasserstoffe und Koks (Kohlenstoff).

(3) Vergasung: In Gegenwart von Sauerstoff und ab etwa 235 °C entzünden sich die Entgasungsprodukte. Im Temperaturbereich zwischen 500 °C und 600 °C wird fixer Kohlenstoff zu gasförmigen Produkten umgesetzt, wobei Wasserdampf und Sauerstoff den Prozeß fördern.

Bei hohen Temperaturen wird ein thermodynamisches Gleichgewicht zwischen den exothermen Verbrennungsvorgängen

$$C + O_2 \rightarrow CO_2 \text{ bzw. } 2 C_xH_y + (2x + \tfrac{1}{2}y) O_2 \rightarrow 2x\, CO_2 + y\, H_2O$$

und der endothermen Boudouard-Reaktion

$$C + CO_2 \rightarrow 2\, CO$$

und der gleichfalls endothermen Wassergas-Reaktion

$$C + H_2O \rightarrow CO + H_2 \text{ bzw. } C_xH_y + x\, H_2O \rightarrow x\, CO + (x + \tfrac{1}{2}y)\, H_2$$

gebildet.

Hauptreaktionsprodukte der Vergasung sind Kohlenmonoxid, Wasserstoff und Kohlendioxid. Dieses Synthesegas ist nach einer Gasreinigung energetisch nutzbar.

(4) Verbrennung: In der Verbrennung werden die brennbaren Gase der vorangegangenen Prozesse vollständig zu ihren energieärmsten Verbindungen oxidiert:

$$C + O_2 \rightarrow CO_2 \text{ bzw. } 2 C_xH_y + (2x + \tfrac{1}{2}y) O_2 \rightarrow 2\, CO_2 + y\, H_2O$$

Abfälle sind ein inhomogener Brennstoff mit nur geringem Heizwert, und besonders die Inhomogenität des Abfalls erschwert die vollständige Oxidation. Bei unvollständiger Oxidation entsteht eine ganze Palette von unerwünschten Nebenprodukten wie z.B. Schwefeldioxid, Stickoxide, Chlorwasserstoff sowie organische Spurenstoffe, z.B. Dioxine und Furane.

Entscheidend für einen vollständigen Ausbrand sind guter Kontakt von Brennstoff und Verbrennungsluft sowie eine genügend große Verweilzeit bei genügend hohen Temperaturen.

(5) Schlackeproduktion: In Abhängigkeit vom Einsatzstoff und vom Verfahren werden die metallischen, inerten (Glas, Keramik, Steine) sowie anorganischen Bestandteile in feste Rückstände (Schlacke) überführt. Menge, Qualität und Anfallort der Schlacke sind vom jeweiligen Verfahren abhängig. Zur Beurteilung und zum Einsatz des Verfahrens ist die Qualität der Rückstände von entscheidender Bedeutung.

(6) Gasreinigung: Die in thermischen Verfahren entstehenden Gase müssen vor der Ableitung oder Nutzung gereinigt und gegebenenfalls konditioniert werden. Eine moderne Rauchgasreinigung besteht heute aus den Komponenten: Filtersystem (Staubaustrag), saure Wäsche (HCl, HF: schwache Säuren), neutrale/alkalische Wäsche (SO_2) und Koksfilter. Je nach Aufwand können unter Umständen verwertbare Stoffe wie Salzsäure oder Gips als Reststoffe anfallen. Andernfalls sind die anfallenden Salze als Sonderabfall in Untertagedeponien zu verbringen. Die Menge der Rückstände ist vom Rauchgasvolumen abhängig, die Qualität vom Verfahren.

(7) Energienutzung: Die Abwärme des Prozesses oder das Energiepotential des erzeugten Synthesegases kann zur Stromerzeugung oder zu Heizzwecken genutzt werden. Bei Verbrennungsverfahren sind Kesselsysteme integraler Bestandteil, bei den Vergasungsverfahren kann das gereinigte Synthesegas vor Ort oder räumlich und zeitlich getrennt z.B. in Gasmotoren energetisch genutzt werden.

3.3 Verfahren der thermischen Abfallbehandlung

Durch die Entwicklungsbemühungen der letzten Jahre, die Verringerung der Emissionen bei gleichzeitig qualitativer Verbesserung der Reststoffe zu erzielen und damit sowohl eine Wiederverwertung zu ermöglichen als auch den Abfall zu minimieren, entstanden neue Verfahren der thermischen Abfallbehandlung. Heute stehen neben der Verbrennung auch Ver- und Entgasungsverfahren sowie Kombinationen dieser Verfahren zur Verfügung.

Die neueren Thermotechnologien umfassen sinnvolle, sich ergänzende Kombinationen der Grundprozesse und müssen aufgrund ihrer inzwischen erreichten technischen Reife und erster Ergebnisse bezüglich ihrer Umweltverträglichkeit als Alternativen zu reinen Verbrennungsanlagen angesehen werden. Gradmesser dieser alternativen Technologien bleibt die herkömmliche Müllverbrennung auf dem erreichten neuesten Stand der Technik.

3.3.1 Verbrennung von Restabfällen

Die Bundesregierung erklärte die Müllverbrennung bei Berücksichtigung der 17. BImSchV zum einzigen Abfallbehandlungsverfahren nach dem Stand der Technik zur Vorbehandlung von Restmüll. Die intensive Diskussion um Müllverbrennungsanlagen macht aber gleichzeitig deutlich, daß diese dennoch zu den umstrittenen

Vorhaben dieser Zeit gehören (Umweltbundesamt 1990; Barniske 1990; Beratungskommission Toxikologie 1990; Braungardt u. Fuchsloch 1989; BUND 1988; Franke 1990; Friedrich u. Schiller-Dickhut 1990; Berghoff 1990).

In der Verbrennung finden die oben dargestellten Prozeßschritte Trocknung, Entgasung, Vergasung, Verbrennung und Schlackebildung im Feuerraum der Anlage statt. Ein Teil der Oxidation wird auch in der dem Feuerraum angeschlossenen Nachbrennkammer vollzogen. Energienutzung und Rauchgasreinigung schließen sich direkt an und komplettieren die Abfallverbrennungsanlage.

Abbildung 1 zeigt schematisch den Ablauf der Prozeßstufen bei der Restabfallverbrennung.

Es sollen hier die beiden gebräuchlichsten Feuerungssysteme der Müllverbrennung, die Rostfeuerung und die Wirbelschichtfeuerung, vorgestellt werden, um so die Wirkungsweise und den Prozeßablauf dieser Technik näher zu beschreiben.

3.3.1.1 Verbrennung mit Rostfeuerung
Die Verbrennung von Hausmüll in Anlagen mit Rostfeuerungssystemen ist die derzeit am weitaus häufigsten praktizierte Methode der thermischen Restabfallbehandlung. Folgende Hauptbestandteile sind diesen Anlagen gemeinsam:

– Müllbunker,
– Beschickungseinrichtug für Müll,
– Verbrennungsrost und Feuerraum,
– Nachbrennkammer,
– Abhitzekessel,
– Schlacke- und Kesselascheaustragsvorrichtung,
– mehrstufige Rauchgasreinigungsanlage,
– Kamin.

Abbildung 2 zeigt eine konventionelle Müllverbrennungsanlage mit moderner Rauchgasreinigung.

Zur Zwischenlagerung gelangt der Abfall zunächst in den Müllbunker. Dort findet eine Zerkleinerung des Sperrmülls und sonstiger sperriger Abfälle sowie die Mischung mit dem normalen Hausmüll statt, um einen möglichst homogenen Einsatzstoff mit vergleichmäßigtem Heizwert zu erhalten.

Mittels Müllkränen werden die Abfallstoffe auf einen Einfülltrichter gegeben, und sie gelangen durch geregelte Dosierung auf den Verbrennungsrost. Der zur Horizontalen geneigte Rost sorgt durch seine Konstruktionsmerkmale einerseits für die Umwälzung (Schürung) und damit für den Ausbrand, andererseits für den

Transport des Mülls auf dem Rostbett. Verbreitet sind Rückschubroste, Vorschubroste, Stufen-, Wander-, Schwenk- und Walzenroste, wobei der Vorschubrost der am häufigsten eingesetzte Rosttyp ist. Die Verbrennung findet bei ca. 850–1050 °C statt. Am unteren Ende des Rostes wird die Asche als feste Schlacke abgezogen. Durch den Rost und die Müllschüttung hindurch wird die Primärluft in den Feuerraum eingeblasen. Weitere Verbrennungsluft wird als Sekundär- und ggf. als Tertiärluft der Nachbrennkammer zugeführt. Auch die Gestaltung des Feuerraumes unterliegt verschiedenen Konstruktionsprizipien. Häufig werden Gegenstromfeuerungen mit Einbauten realisiert.

Die zugegebene Luftmenge liegt etwa um den Faktor 1,5–2 über der stöchiometrisch notwendigen, um einen möglichst vollständigen Ausbrand zu erreichen. Aus diesem Grund ist die Rauchgasreinigung erheblich größer dimensioniert, als dies aufgrund der für chemische Umsetzungen theoretisch ausreichenden Luftmenge notwendig wäre.

Die Rauchgaswärme wird im Abhitzekesselbereich zur Dampferzeugung genutzt und im Sinne eines Energierecyclings nach dem Prinzip der Kraft-Wärme-Kopplung für die Produktion von Fernwärme und Strom verwertet.

Das im Fließbild beispielhaft dargestellte Rauchgasreinigungssystem besteht aus den Komponenten Sprühtrockner, Elektrofilter, mehrstufiger Wäscher, Aufheizung und Aktivkohle-Flugstromadsorber mit Rezirkulation. Für die Entstickung wird ein optimiertes SNCR-Verfahren eingesetzt. Die im mehrstufigen Naßwäscher anfallenden Waschflüssigkeiten werden nach einer Neutralisation in den Sprühtrockner rückgeführt. Der hauptsächliche Austrag der Salze und Stäube erfolgt im Elektrofilter. Zur Finalabscheidung der Dioxine und Furane wird ein Kalk-Aktivkohle-Gemisch in das Rauchgas eingeblasen und im nachfolgenden Gewebefilter wieder abgezogen. Das Material wird zum großen Teil rezirkuliert, der ausgeschleuste Anteil über eine Hagenmaier-Trommel zur Dioxin- und Furanzerstörung in die Verbrennung rückgeführt.

In Deutschland existieren etwa 50 Verbrennungsanlagen mit Rostfeuerung für Hausmüll und hausmüllähnliche Gewerbeabfälle von diversen Anbietern. Entsprechend umfangreiche diesbezügliche Betriebserfahrungen sind vorhanden.

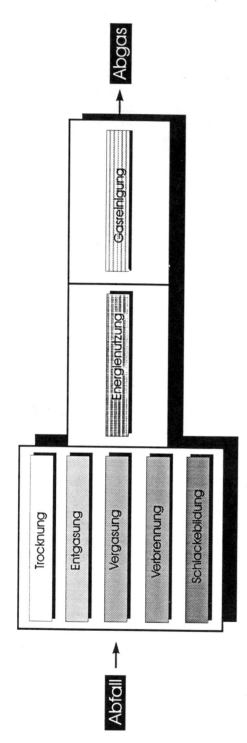

Abb. 1. Prozeßstufenanordnung der Restabfallverbrennung

Thermische Behandlung von Restabfall 75

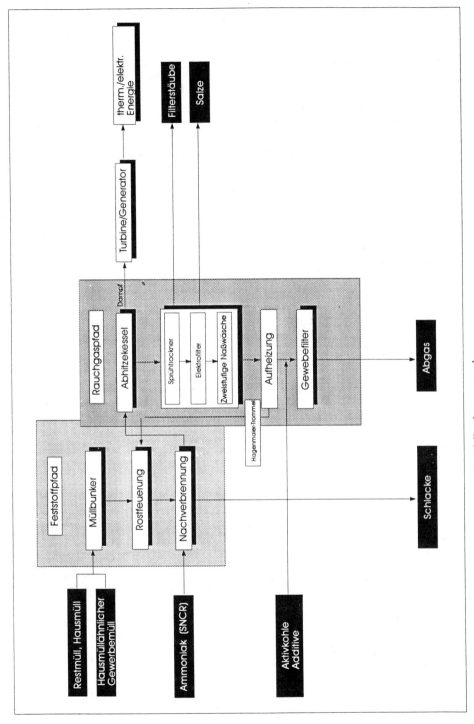

Abb. 2. Vereinfachtes Fließschema einer konventionellen Müllverbrennungsanlage

3.3.1.2 Wirbelschichtfeuerung

Zur Verbesserung des Kontaktes zwischen Brenngut und Verbrennungsluft und zur gleichmäßigen Hitzeverteilung wird das Brenngut vorzerkleinert und in ein wirbelndes Bett aus heißem Material gegeben. Die Bewegung des Wirbelbettes, das z.B. aus Quarzsanden besteht, wird von der durchströmenden Verbrennungsluft erreicht, die Erhitzung geschieht durch den exothermen Prozeß der Verbrennung. Bei der Wirbelschichtverbrennung kann zwischen stationären und zirkulierenden Wirbelschichtverfahren unterschieden werden. Als eine Kompromißlösung, die wesentliche Vorteile der beiden Verfahrensvarianten in sich vereinigt, hat das Konzept der rotierenden Wirbelschicht zunehmende Bedeutung erlangt.

Als Beispiel sei die im Bau befindliche Anlage bei den Berliner Stadtreinigungsbetrieben in Berlin-Ruhleben genannt, die nach dem Verfahren der rotierenden Wirbelschicht (ROWITEC-Verfahren) arbeiten soll. Abbildung 3 zeigt ein stark vereinfachtes Fließbild der Wirbelschichtfeuerung nach dem ROWITEC-Verfahren.

Für die Behandlung in einer Wirbelschichtverbrennung müssen die Abfälle nach einer Zwischenlagerung, z.B. in einem Bunker, zerkleinert und homogenisiert werden. Bei der rotierenden Wirbelschichtverbrennung können Abfälle mit einer Stückigkeit von < 30 cm eingesetzt werden.

Aus dem Bevorratungslager werden die Brennstoffe in zerkleinerter Form über eine Aufgabeschnecke der Wirbelschichtfeuerung geregelt zugeführt. Daneben können Zuschlagstoffe (z.B. Dolomit) zur Primärabscheidung von sauren Schadgasen eingesetzt werden. Die Verbrennung findet hier in einem Doppelwirbelschichtreaktor statt, in dem durch unterschiedliche Fluidisierungsluftgeschwindigkeiten und die Anordnung von Deflektorplatten das Wirbelgut zwangsweise gegenläufige Rotationsbewegungen ausführt.

Die Verbrennung erfolgt bei ca. 800 °C, die entstehende Wärme wird an einem Abhitzekessel zur Erzeugung von Dampf genutzt, der dann für die Verstromung oder Fernwärmeproduktion zur Verfügung steht. Die Bettasche wird im unteren seitlichen Bereich der geneigten Anströmböden abgezogen.

Die Rauchgasreinigung ist von der konventionellen Müllverbrennung her bekannt. Für die Anlage in Berlin-Ruhleben sind die Komponenten Zyklon-Flugstromreaktor, Sprühtrockner, Gewebefilter, zweistufiger Wäscher, Wiederaufheizung und Kamin geplant. Die Wäscherflüssigkeiten werden in den Sprühtrockner rückgeführt. Sämtliche anfallenden Salze, Filterstäube und Flugaschen sollen in Form eines hydraulisch abbindenden Baustoffs einer Verwertung zugeführt werden.

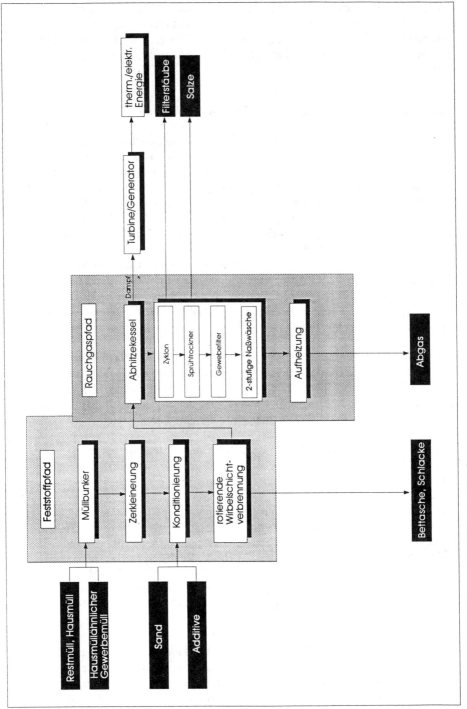

Abb. 3. Vereinfachtes Fließschema: Wirbelschichtverbrennung

Die Wirbelschichtverbrennung wurde bislang in Deutschland zur Hausmüllverbrennung nicht eingesetzt. Dagegen existieren in Japan umfangreiche Betriebserfahrungen von mehr als 60 Anlagen für unterschiedliche Abfallarten, darunter für Haus- und Gewerbeabfall. In Europa stehen einige Anlagen vor der Inbetriebnahme.

3.3.2 Alternative Verfahren zur thermischen Behandlung von Restabfällen

Die angestrengten Vermeidungs- und Verwertungsstrategien werden die Zusammensetzung und die Menge der zu behandelnden Restabfälle signifikant verändern und damit die verfahrenstechnische Auslegung einer thermischen Behandlungsanlage unmittelbar beeinflussen. Von Bedeutung sind insbesondere veränderte Parameter bzgl. des Heizwertes, des Wassergehaltes, des Ascheanteils des Feinmüllanteils, der Stückigkeit usw. Eine thermische Behandlungsanlage muß deshalb ein hohes Maß an Flexibilität aufweisen, um mit den wechselnden Inputmengen und -qualitäten eine ausreichende Entsorgungssicherheit zu gewährleisten. Sie darf nicht durch starre Anforderungen an Qualität und Quantität des Inputmaterials abfallwirtschaftlich sinnvolle Entwicklungen und Neuorientierungen erschweren oder gar unmöglich machen und muß in der Lage sein, einen größeren Variationsbereich des Abfallinputs ohne Reststoffqualitätseinbrüche zu tolerieren.

Vor diesem Hintergrund wurden die Entwicklung neuer Verfahren und die Weiterentwicklungen bestehender Verfahren in den letzten Jahren betrieben. Dabei wurde durch die gezielte Auftrennung der einzelnen Prozeßstufen (s. Abschnitt 3.3.1) eine erhebliche Verbesserung der Steuerbarkeit und damit des Ausbrandes und der Emissionssituation sowie der Flexibilität erreicht.

Im folgenden werden drei Verfahren dieser neuen Generation vorgestellt, deren vorliegende Ergebnisse erwarten lassen, daß sie in naher Zukunft als Restabfallbehandlungsverfahren nach Stand der Technik zur Verfügung stehen:

Als erstes wird das KWU-Schwelbrennverfahren vorgestellt, eine Kombination der Entgasung und der Hochtemperaturverbrennung mit zwischengeschaltetem Aufbereitungsschritt. Mit dem fast abgeschlossenen Planfeststellungsverfahren in Fürth steht dieses Verfahren am dichtesten vor der Realisierung.

Als zweites wird das Thermoselect-Verfahren, eine Kombination von Ent- und Vergasungsprozessen ohne Prozeßunterbrechung und Aufbereitung des Brenngutes, dargestellt.

Ebenfalls zu den aussichtsreichen neuen Verfahren zählt das Flugstromvergasungsverfahren der Fa. Noell DBI. Auch hier handelt es sich um eine Kombination der Pyrolyse und der Hochtemperaturvergasung, allerdings mit Zwischenaufbereitung. Die einzelnen Techniken dieses Verfahrens werden bereits großtechnisch betrieben, so daß jetzt Betriebserfahrung für die Kombiantion und für Restabfälle gesammelt werden muß.

3.3.2.1 Das KWU-Schwelbrennverfahren

Das Schwelbrennverfahren unterbricht den Verbrennungsprozeß nach der Trocknung und Entgasung und trennt die Inertien von den brennbaren Stoffen ab. Im zweiten Teil des Verfahrens durchläuft das Brenngut die Prozeßstufen Vergasung, Verbrennung, Schlackebildung, Energiegewinnung und Rauchgasreinigung. Abbildung 4 veranschaulicht diese Trennung.

Kurzbeschreibung des Schwelbrennverfahrens: Das KWU-Schwelbrennverfahren wird seit 1988 in einer Technikumsanlage mit einem Durchsatz von 0,2 Mg/h in Ulm-Wiblingen betrieben. Zur Zeit befindet sich eine Anlage mit einer Kapazität von 100 000 Mg/a in Fürth in der Planfeststellung. Die Hersteller rechnen im Frühjahr 1994 mit der Erteilung der Genehmigung (KWU-Planfeststellungsunterlagen 1993).

Abbildung 5 zeigt das Verfahrensfließbild des KWU-Schwelbrennverfahrens.

Die zerkleinerten Abfälle werden in der langsam rotierenden Trommel bei ca. 450 °C unter Luftabschluß verschwelt (Entgasung). Der feste Rückstand wird abgekühlt und in einem zwischengeschalteten Aufbereitungsschritt in eine inerte (Glas, Metalle, Keramik, Steine) und in eine kohlenstoffhaltige Fraktion aufgetrennt. Die Metalle der Inertfraktion werden in Fe- und NE-Metalle geschieden und direkt der Verwertung zugeführt. Die Schwelgase werden direkt, die kohlenstoffhaltige Fraktion nach der Aufbereitung im Hochtemperaturreaktor bei Temperaturen von ca. 1300 °C verbrannt. Dabei entsteht eine verglaste Schlacke, die ebenfalls der Verwertung zugeführt werden kann.

Nach der Energienutzung im Abhitzekessel werden die Rauchgase über eine zweistufige, abwasserlose Naßwäsche, eine DeNox-Anlage und einen Gewebefilter gereinigt. Aufgrund der Abtrennung in der Zwischenaufbereitung wird nicht der gesamte Restabfall verbrannt, so daß die Rauchgasmenge und damit auch die Rauchgasreinigungsanlage nur etwa halb so groß wie bei der Müllverbrennung ist. Da die Werte in der 17. BImSchV noch erheblich unterschritten werden, sind auch die Gesamtemissionsfrachten gegenüber der Müllverbrennung deutlich kleiner.

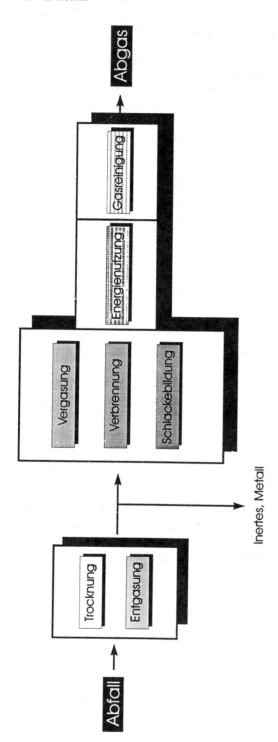

Abb. 4. Prozeßstufenanordnung des Schwelbrennverfahrens

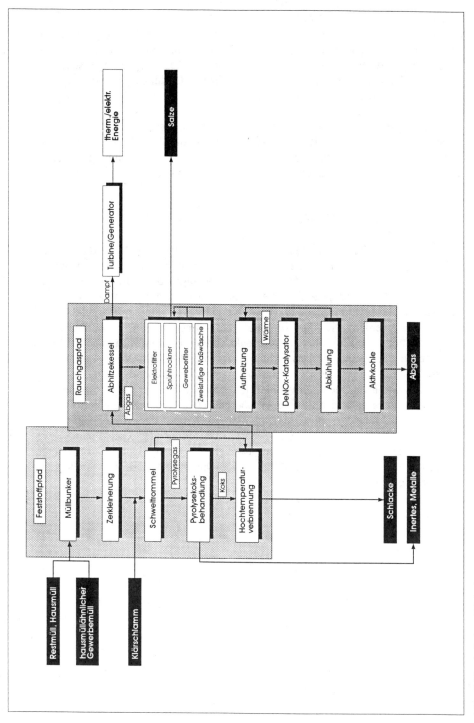

Abb. 5. Vereinfachtes Fließschema: Schwelbrennverfahren

3.3.2.2 Das Thermoselect-Verfahren

Im Thermoselect-Verfahren sind die Prozeßstufen Trocknung, Entgasung, Vergasung, Schlackebildung und Gasreinigung unterbrechungslos verbunden. Die Verbrennung ist aufgrund des Sauerstoffmangels abgekoppelt. Sie wird zur Energiegewinnung gezielt in einem Extraschritt durchgeführt. Abbildung 6 zeigt die Prozeßstufen des Thermoselect-Verfahrens.

Kurzbeschreibung des Thermoselect-Verfahrens: In Verbania/Italien wird eine Versuchsanlage des Thermoselect-Verfahrens im Maßstab 1:1 mit einem Durchsatz von bis zu 4,2 Mg/h betrieben. Der erste Antrag auf Genehmigung wurde im September 1993 für eine Anlage mit einer Kapazität von 100 000 Mg/a eingereicht (Thermoselect 1993).

Abbildung 7 zeigt das Verfahrensfließbild einer Thermoselect-Anlage.

Die nicht vorbehandelten Restabfälle werden in einer Presse verdichtet und direkt in einen Schubofen gegeben. Dort werden sie auf Temperaturen von 600 °C erhitzt und entgast. Am Ende des Schubofens gelangen die Schwelgase und der brikettartige, feste Rückstand unterbrechungslos in einen Hochtemperaturvergasungsreaktor, wo mit dem zugeführten Sauerstoff Synthesegas gebildet wird. Gleichzeitig werden die metallischen und mineralischen Inertanteile bei Temperaturen von bis zu 2000 °C am Reaktorboden in schmelzflüssige Schlacke überführt und ausgetragen. Das Synthesegas wird aus dem Vergasungsreaktor abgezogen, auf unter 100 °C gequencht und anschließend in mehrstufiger Naßwäsche und über einen Aktivkohlefilter gereinigt. Das gereinigte Synthesegas kann vor Ort oder an anderer Stelle zur energetischen Nutzung verbrannt werden. Aufgrund des Betriebes mit reinem Sauerstoff und der Abkoppelung der Verbrennung entsteht nur ca. ein Sechstel zu reinigendes Gasvolumen, was gegenüber den anderen Verfahren im Bereich der Gasreinigung Einsparungen bedeutet. Die Schlacke kann als Füll- oder Dämmstoff, z.B. im Straßenbau, verwertet werden.

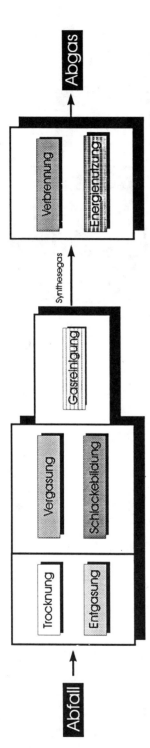

Abb. 6. Prozeßstufenanordnung des Thermoselect-Verfahrens

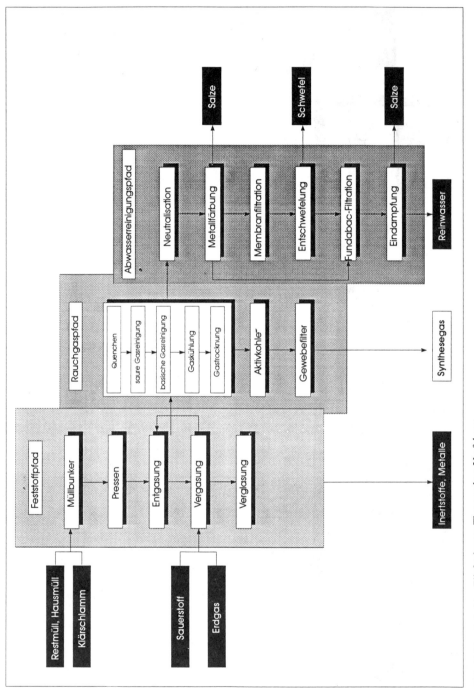

Abb. 7. Vereinfachtes Fließschema: Themoselect-Verfahren

3.3.2.3 Das Flugstromvergasungsverfahren der Fa. Noell DBI

Das Prozeßschema des Flugstromvergasungsverfahrens ist dem des Thermoselect-Verfahrens sehr ähnlich. Ein wesentlicher Unterschied ist die Prozeßunterbrechung nach der Trocknung und Entgasung, die dem Schwelbrennverfahren entspricht. Das Prozeßschema ist in Abb. 8 dargestellt.

Kurzbeschreibung des Flugstromvergasungsverfahrens der Fa. Noell DBI: Das Kernstück dieses Verfahrens ist ein Flugstromvergasungsreaktor, der im Bereich der Braunkohlevergasung seit Jahrzehnten eingesetzt wird. Für die Restmüllbehandlung ist dem Vergasungsreaktor eine Pyrolyse zur Konditionierung der Abfallstoffe vorzuschalten. Diese Technik wird seit 1992 bei der Pyrolyse AG Salzgitter betrieben. Die Noell DBI betreibt in Freiberg/Sachsen eine Demonstrationsanlage, und im Energiewerk AG Schwarze Pumpe ist seit 1983 eine Großanlage mit unerschiedlichen Einsatzstofen im Einsatz (Noell DBI 1993).

Abbildung 9 stellt das Verfahrensfließschema des Flugstromvergasungsverfahrens dar.

Die Restabfälle werden in einer rotierenden Trommel pyrolysiert, wobei die Schwelgase direkt in den Vergasungsreaktor geführt werden. Die festen Rückstände der Pyrolyse durchlaufen einen Aufbereitungssschritt, in dem die Inertien abgetrennt und der Verwertung zugeführt werden. Der brennbare Rückstand wird stark zerkleinert und mit den Schwelgasen dem Flugstromvergasungsreaktor zugegeben. Bei Temperaturen von bis zu 2000 °C wird Synthesegas gebildet, das in einer Gasreinigung vom Schwefelwasserstoff befreit wird und anschließend zur stofflichen (Methanolsynthese) oder energetischen Nutzung bereitsteht. Als fester Rückstand der Flugstromvergasung fällt eine glasartige, eluationsfreie und verwertbare Schlacke an.

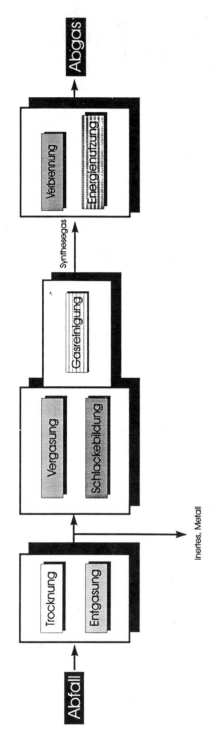

Abb. 8. Prozeßstufenanordnung des Noell-Verfahrens zur Flugstromvergasung

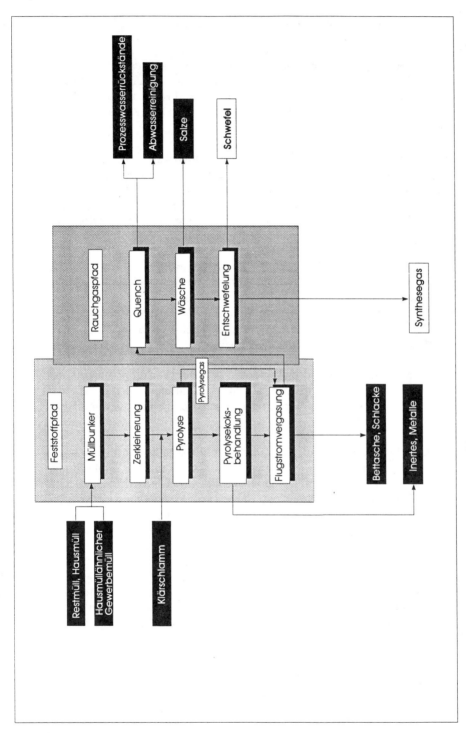

Abb. 9. Vereinfachtes Fließschema: Flugstromvergasungsverfahren

4 Thermische Behandlung – nur für Restmüll?

In bezug auf die Frage „Was soll verbrannt werden?" erscheint es bemerkenswert, daß in der TA Siedlungsabfall erstmals die thermischen Verfahren dem Bereich der Abfallbehandlung zugeordnet sind und nicht der Verwertung. Durch den postulierten Vorrang der Verwertung ist hiermit eine klare Abstufung vorgenommen worden.

Gleichzeitig formuliert die Bundesregierung die Möglichkeit einer thermischen Verwertung – allerdings prinzipiell der stofflichen Verwertung nachgeordnet. Dennoch sieht sie Fälle, in denen die thermische Verwertung der stofflichen überlegen ist, und fordert deshalb, daß beide Maßnahmen als sich ergänzende Teile der Abfallwirtschaft gesehen werden und beim Aufbau der Kreislaufwirtschaft zu nutzen sind (Parlamentarische Anfrage 1993).

Im gleichen Sinne genehmigte auch der Bremer Umweltsenator im November 1993 den Einsatz von Kunststoffgranulat anstelle von Schweröl als Reduktionsmittel in den Klöckner-Hütte und das Bundesministerium dieses thermische Verfahren als „stoffliche Verwertung im Sinne der Verpackungsverordnung und als ökologisch sinnvolle Nutzung der Wertstoffverwertung" (Abfallwirtschaftsjournal 1993).

Die jüngsten Erfahrungen mit praktizierter stofflicher Verwertung haben aber auch gezeigt, daß diese abfallwirtschaftliche Strategie differenzierter als bisher zu betrachten ist. Es gibt durchaus Verwertungsvorschläge, die nicht besser sind als die schlichte Entsorgung.

Aus dem Vorangegangenen folgt, daß die Entscheidung, mit welchem Verfahren oder mit welcher Verfahrenskombination einzelne Abfallströme behandelt werden sollen, sinnvoll nur durch ökobilanzartige Systemvergleiche und unter Berücksichtigung des Kriteriums Umweltschutz getroffen werden kann. Diese Untersuchungen müssen nachvollziehbar, umfassend und transparent sein und insbesondere eine vergleichende Bewertung ermöglichen. Untersuchungsparameter sind dabei sowohl Stoff-, Schadstoff- und Energiebilanzen als auch Entwicklungsstand und Wirtschaftlichkeit.

Insgesamt muß sich die Abfallwirtschaft von dem Paradigma „Verwerten statt Verbrennen" loslösen (Lahl 1993) und mit der Nutzung der neuem Techniken und Konzepte einen Paradigmawechsel zu „Verwerten durch thermische Behandlung" vollziehen.

Literatur

Abfallwirtschaftsjournal 5/1993 Kunststoffverwertung im Hochofen genehmigt. Nr. 12, 899

Barniske L (1990) Müllverbrennung pro und contra. Umwelt Bd. 20

Berghoff R (1990) In: Müllverbrennng pro und contra. Umwelt Bd. 20

Beratungskommission Toxikologie (1990) Stellungnahme der Beratungskommission Toxikologie der Deutschen Gesellschaft für Pharmakologie und Toxikologie zur behaupteten Gesundheitsgefährdung durch Müllverbrennungsanlagen. In: Minister für Umwelt, Raumordnung und Landwirtschaft NRW (MURL): Ökologische Abfallwirtschaft in Nordrhein-Westfalen. Düsseldorf

Braungardt M, Fuchsloch N (1989) Studie zu Abfall- und Energiebilanz einer Müllverbrennungsanlage am Beispiel der Müllverbrennungsanlage Weißendorn. Hamburg

BUND (Bund für Umwelt und Naturschutz) (1988) Vergraben? Verbrennen? Vergessen? – Konzept für eine umweltfreundliche Abfallwirtschaft. BUND Position 9, 2. Auflage

Entschließungen des Bundesrates zur TA Siedlungsabfall (1993) In: TA Siedlungsabfall Teil III: Materialien, Bundesanzeiger, 1. Aufl.

Franke B (1990) Gutachten zur Umweltverträglichkeitsprüfung einer Müllverbrennungsanlage in Erlangen. Heidelberg

Friedrich H, Schiller-Dickhut R (Hrsg.) (1990) Müllverbrennung – ein Spiel mit dem Feuer. Bielefeld

KWU (1993) Planfeststellungsverfahren Fürth. Erlangen

Lahl U (1993) Für einen Paradigma-Wechsel – Bewertung der Reststoffe/Schlacke und Verbrennung. Seminarunterlagen: Thermische Abfallbehandlung mit Kombinationsverfahren, VDI Bildungswerk. Mannheim

Noell DBI (1993) Tagungsunterlagen Sonderabfallsymposium '93. Darmstadt

Parlamentarische Anfrage an die Bundesregierung von Dr. Meyer: Stoffliche und thermische Verwertung. Abfallwirtschaftsjournal 5/1993, Nr. 12, 899

Rat von Sachverständigen für Umweltfragen (1990) Sondergutachten Abfallwirtschaft. Bundestagsdrucksache 11/8493

Reimann O, Hämmerli-Wirth H (1992) Verbrennungstechnik – Bedarf, Entwicklung, Berechnung, Optimierung. Abfallwirtschaftsjournal 4/1992, Heft 8

Stief K (1992) Auswirkung der TA Siedlungsabfall auf die Ablagerung von Abfällen. Entsorgungs-Praxis Heft 11

Thermoselect (1993) Tagungsunterlagen Sonderabfallsymposium '93. Darmstadt

Umweltbundesamt (1990) Stellenwert der Hausmüllverbrennungsanlage in der Abfallentsorgung. Berlin

Verhalten von biologisch vorbehandeltem Restmüll bei der Ablagerung

Werner Bidlingmaier, Ludwig Streff

1 Einleitung

Auch nach Ausschöpfung aller Möglichkeiten der Vermeidung und Verwertung von Abfällen verbleibt ein Rest, mit dem problemgerecht umzugehen ist. In der Qualität und Zusammensetzung sowie der anfallenden Menge ist dieser Restabfall geprägt vom jeweiligen Abfallkonzept und dessen Möglichkeiten zur Umsetzung, er läßt sich jedoch nicht auf Null reduzieren. Diesen trotz aller Maßnahmen zur Vermeidung und Verwertung verbleibenden Restabfall gilt es so zu behandeln, daß Gefahren im Zusammenhang mit dessen Ablagerung auf der Deponie ausgeschlossen bzw. minimiert werden können.

Zu unterscheiden sind grundsätzlich zwei Arten der Vorbehandlung von Restabfällen:
– die thermische Behandlung,
– die biologischen, sogenannten „kalten" Verfahren
  – aerobe Verfahrensführung bzw. die Verrottung von Restabfällen,
  – anaerobe Verfahrensführung bzw. Restabfallvergärung.

Vor dem Hintergrund der anhaltenden Diskussion um die Risiken der Abfallverbrennung gilt es, die „kalten" Vorbehandlungsverfahren einer Eingangsprüfung zu unterziehen, gemäß dem Vorbehalt des Bundesrates zur Verabschiedung der TA Siedlungsabfall.

Ziel aller bisher durchgeführten Versuche war es, die Möglichkeiten einer Rotte bzw. einer Vergärung von Restabfällen als Verfahren einer biologischen Vorbehandlung vor der endgültigen Deponierung zu überprüfen.

Im Hinblick auf die im Mai 1993 verabschiedete TA Siedlungsabfall sollte für den zu deponierenden, biologisch vorbehandelten Restabfall aufgezeigt werden, ob die im Anhang B geforderten Grenzwerte mit diesen Verfahren erreichbar sind.

2 Vorgaben der TA Siedlungsabfall

In der TA Siedlungsabfall werden die Deponieklassen I und II vorgeschrieben, die unterschiedlich hohe Zuordnungswerte für die abzulagernden Restabfälle aufweisen. Die Zuordnungskriterien zur jeweiligen Deponieklasse finden sich im Anhang B der TA Siedlungsabfall (s. Tabelle 1).

Für folgende Parameter sind dort Zuordnungswerte einzuhalten

- Festigkeit des zu deponierenden Abfalls,
- organischer Anteil,
- Anteil der extrahierbaren lipophilen Stoffe,
- Eluatkriterien,

und dies mit dem Ziel

- den Deponievolumenbedarf zu minimieren,
- eine biologische sowie chemische Aktivität des abzulagernden Restabfalls weitgehend auszuschalten,
- Schadstoffe im Restabfall zu immobilisieren.

3 Ergebnisse aus Untersuchungen an biologisch vorbehandelten Restabfällen

Um Eigenschaften und Verhalten biologisch vorbehandelter Restabfälle aufzuzeigen, wurden hier die Ergebnisse der meisten in diesem Bereich durchgeführten Untersuchungen ausgewertet.

Tabelle 2 nennt die einzelnen Projekte und zeigt die jeweils getroffenen Maßnahmen zur Vorbehandlung der Restabfälle (vorsortieren, zerkleinern und sieben) sowie die angewandten Behandlungsmethoden (Rotte, Vergärung und Kombination Rotte/Vergärung) und die Versuchsdauer.

Tabelle 1. Zuordnungskriterien des Anhangs B der TA Siedlungsabfall

Parameter	Zuordnungswerte	
	Deponieklasse I	Deponieklasse II
Festigkeit[1]		
Flügelscherfestigkeit	≥ 25 Kn/m^2	≥ 25 Kn/m^2
Axiale Verformung	≤ 20 %	≤ 20 %
Einaxiale Druckfestigkeit	≥ 50 Kn/m^2	≥ 50 Kn/m^2
Organischer Anteil des Trockenrückstandes der Originalsubstanz[2]		
bestimmt als Glühverlust	≤ 3 Masse-%	≤ 5 Masse-%[3]
bestimmt als TOC	≤ 1 Masse-%	≤ 3 Masse-%
Extrahierbare lipophile Stoffe der Originalsubstanz	≤ 0,4 Masse-%	≤ 0,8 Masse-%
Eluatkriterien		
pH-Wert	5,5-13,0	5,5-13,0
Leitfähigkeit	≤ 10000 µS/cm	≤ 50000 µS/cm
TOC	≤ 20 mg/l	≤ 100 mg/l
Phenol	≤ 0,2 mg/l	≤ 50 mg/l
Arsen	≤ 0,2 mg/l	≤ 0,5 mg/l
Blei	≤ 0,2 mg/l	≤ 1 mg/l
Cadmium	≤ 0,05 mg/l	≤ 0,1 mg/l
Chrom-VI	≤ 0,05 mg/l	≤ 0,1 mg/l
Kupfer	≤ 1 mg/l	≤ 5 mg/l
Nickel	≤ 0,2 mg/l	≤ 1 mg/l
Quecksilber	≤ 0,005 mg/l	≤ 0,02 mg/l
Zink	≤ 2 mg/l	≤ 5 mg/l
Fluorid	≤ 5 mg/l	≤ 25 mg/l
Ammonium-N	≤ 4 mg/l	≤ 200 mg/l
Cyanide, leicht freisetzbar	≤ 0,1 mg/l	≤ 0,5 mg/l
AOX	≤ 0,3 mg/l	≤ 1,5 mg/l
Wasserlöslicher Anteil (Abdampfrückstand)	≤ 3 Masse-%	≤ 6 Masse-%

[1] Die axiale Verformung kann gemeinsam mit der einaxialen Druckfestigkeit gleichwertig zu der Flügelscherfestigkeit angewandt werden. Die Festigkeit ist entsprechend den statischen Erfordernissen für die Deponiestabilität jeweils gesondert festzulegen. Die axiale Verformung in Verbindung mit der einaxialen Druckfestigkeit darf dabei insbesondere bei kohäsiven, feinkörnigen Abfällen nicht überschritten werden.

[2] Der Glühverlust kann gleichwertig mit dem TOC angewandt werden; Anforderung gilt nicht für verunreinigten Bodenaushub, der auf einer Monodeponie abgelagert wird.

[3] Gilt nicht für Aschen und Stäube aus nichtgenehmigungsbedürftigen Kohlefeuerungsanlagen nach dem BImSchG.

Tabelle 2. In den einzelnen Untersuchungen angewandte Behandlungsmethoden

ROTTE	Zusammensetzung	Vorbehandlung	Versuchsjahr	Methode
Viersen, U.T.G., [1] 1990/1991	Restmüll < 56 mm	* Fe-/Störstoffaussortierung * Sieben, Homogenisierung	Winter 90 bis Sommer 91	1) 3d Vorrotte im Reaktor 2) 6w Nachrotte in Mieten
Viersen, U.T.G., [2] 1991/1992	Restmüll	* Homogenisierung	12/91 bis 3/92	1) Vorrotte im Reaktor 2) 12w Nachrotte in Mieten
Viersen, U.T.G., [3] 1992	aerob vorgerotteter Restmüll		5/92 bis 12/92	Lysimeterversuche
Schaffhausen, I.G.W., [4]	Restmüll < 100 mm gemischt mit Klärschlamm	* Vorzerkleinerung * Sieben, Homogenisierung * Fe-/Störstoffaussortier.	8/91 bis 7/92	18w Rotte in belüfteten Dreiecksmieten
Ludwigsburg 1991, [5] Bidlingmaier et al.	1) Restmüll 2) Restmüll < 100 mm 3) Restmüll und Klärschlamm	1) - 2) Sieben 3) -	7/91 bis 11/91	15w Rotte in unbelüfteten Dreiecksmieten
Ludwigsburg 1992, [6] Bidlingmaier et al.	Restmüll < 100 mm	Sieben	9/92 bis 11/92	1) 12w in belüfteten Rotteboxen 2) 8w Vergärung in Faulgefäßen
Gießen 1990, [7]	1) Restmüll < 25 mm 2) Rest- und Gewerbemüll < 25mm 3) Rest-, Gewerbemüll und Klärschlamm < 25 mm	* Vorzerkleinerung * Sieben, Homogenisierung * Fe-Aussortierung	9/90 bis 1/91	1) 12w Rotte in Mieten 2) 12w Rotte in Mieten 3) 12w Rotte in Mieten
Gießen 1991, [8]	Hausmüll und Gewerbemüll < 25mm	* Vorzerkleinerung * Sieben, Homogenisierung * Fe-Aussortierung	7/91 bis 10/91	12w in geschlossenem, statischen Kompostiersystem
Braunschweig, Spillmann, [9]	1) Restmüll und Klärschlamm < 80 mm 2) Restmüll < 80 mm	1) Sieben 2) Sieben, Homogenisierung	vor 90	* Vorrotte nach Kaminzugverfahren * 8-10 Monate Nachrotte
VERGÄRUNG				
Starnberg, [10]	Restmüll	* Vorzerkleinerung * Fe-Abscheidung	6/90 bis 8/90	* Vergärung (BTA)
Gießen 1990, [11]	Restmüll	* Vorzerkleinerung * Fe-Abscheidung	11/90	* Vergärung (BTA)
Gießen 1991, [12]	1) Restmüll und Gewerbemüll < 25 mm 2) vorgerotteter Rest- und Gewerbemüll < 25 mm	* Vorzerkleinerung * Sieben, Homogenisierung * Fe-Aussortierung	7/91 bis 12/91	* Vergärung in Laborfermentern
RWTH Aachen, Aachen, [13]	Restmüll	* Vorzerkleinerung * Fe-Abscheidung	6/91	1) Vergärung (BTA) 2) Kompostierung des Hydrolyserests
Ludwigsburg 1991, [14] Bidlingmaier et al.	Restmüll	* Vorzerkleinerung * Fe-Abscheidung	9/91	* Vergärung (BTA)

3.1 Anforderungen an die TA Siedlungsabfall

Die Ergebnisse der Untersuchungen des biologisch vorbehandelten Restmülls bezüglich des Anhangs B der TA Siedlungsabfall finden sich in Tabelle 3. Die Tabelle zeigt deutlich, daß weder der im Anhang B der TA Siedlungsabfall geforderte Grenzwert für den Glühverlust noch der im Eluat erlaubte Maximalwert für TOC eingehalten werden kann.

Der niedrigste in allen Versuchen ermittelte Endglühverlust liegt mit 12 Gew.% noch immer über 100 % über dem in der Deponieklasse II geforderten Grenzwert.

Bei einem gemessenen Minimalwert von 35 mg/l TOC im Eluat des biologisch vorbehandelten Abfalls wären die Anforderungen nur für die Deponieklasse II erfüllt. Im Regelfall finden sich die TOC-Werte über dem geforderten Grenzwert dieser Deponieklasse.

Sämtliche anderen Anforderungen der TA Siedlungsabfall werden bis auf umnmaßgebliche Einzelüberschreitungen der Grenzwerte deutlich erfüllt.

Tabelle 3. Relevante Grenzwerte der TA Siedlungsabfall bezüglich des biologisch vorbehandelten Restmülls

	TA-SI Anhang B 05/93		Restmüll nach biologischer Vorbehandlung	
	Klasse I	Klasse II	min:	max:
Glühverlust (Gew.-%)	< 3	< 5	12	45
Eluatkriterien				
TOC (mg/l)	< 20	< 100	35	736
Blei (mg/l)	< 0,2	< 1	< 0,1	0,33
Abdampfrückstand (Gew. %)	< 3	< 6	< 3	4,7
sämtliche verbleibenden Grenzwerte der TA-SI			alle Grenzwerte unterschritten	

3.2 BSB$_5$ und CSB

Als weiterer Parameter für die Immobilisierung der organischen Substanz wurde bei mehreren der oben genannten Projekte (Damiecki 1991, 1992; Bidlingmaier et al. 1992a,b, 1993; Kipper 1992; Spillmann 1993) die Veränderung der organischen Komponenten im Eluat des biologisch vorbehandelten Materials betrachtet, gemessen über den BSB$_5$ und den CSB. Tabelle 4 zeigt die ermittelten Minimal- und Maximalwerte auf. Das BSB$_5$/CSB-Verhältnis bzw. der Abbauquotient dient als Parameter zur Charakterisierung der in den Proben enthaltenen organischen Substanz.

Werte > 0,6 weisen auf einen hohen Anteil an leicht abbaubarer organischer Substanz hin. Bei Werten < 0,6 ist nur noch geringfügig leicht abbaubare organische Substanz enthalten. Der Anteil schwer oder nicht abbaubarer Substanz nimmt gegen den Wert 0 zu.

Alle BSB$_5$- und CSB-Untersuchungen zeigen eine deutliche Abnahme des BSB$_5$/CSB-Verhältnisses auf Werte < 0,3. Es kann daher mit nur noch gering vorhandener leicht abbaubarer organischer Substanz gerechnet werden.

Tabelle 4. BSB$_5$ und CSB – Ergebnisse der Untersuchungen

BSB$_5$ (mg/l)		CSB (mg/l)		BSB$_5$/CSB	
min:	max:	min:	max:	min:	max:
10	886	75	2890	0,13	0,3

3.3 Schüttgewichte und erreichbare Einbaudichte

Eine Vorbehandlung des Restmülls (Zerkleinerung, Aussiebung und Homogenisierung) sowie die Umsetzvorgänge bei Rotte und Vergärung bewirkten im Vergleich zum Ausgangsmaterial beim biologisch behandelten Restmüll eine Erhöhung des Schüttgewichtes um mindestens das Doppelte. Auf der Deponie konnten somit Einbaudichten bis 1,4 Mg/m^3 erreicht werden.

Größere Setzungsvorgänge auf der Deponie sind, bedingt durch deutlich reduzierte biologische Abbauprozesse im Deponiekörper, nicht mehr zu erwarten. Tabelle 5 zeigt die Ergebnisse der Untersuchungen (Damiecki 1991; Fricke 1992; Bidlingmaier et al. 1992 a,b; Hoberg 1991).

Tabelle 5. Schüttgewichte und Einbaudichten des biologisch vorbehandelten Restmülls

Schüttgewicht (Mg/m^3)		Einbaudichte (Mg/m$^{3)}$)	
min:	max:	min:	max:
0,29	0,78	1,35	1,42

3.4 Rottegrad

Der Rottegrand des biologisch vorbehandelten Materials wurde in drei Fällen bestimmt (Fricke 1992, Bidlingmaier et al. 1993, Loesche u. Werning 1992). Bei den Untersuchungen von Fricke und von Loesche und Werning wurde der Rottegrad V erreicht, was auf ein nahezu vollkommen durchrottetes Material schließen läßt. Der Versuch von von Bidlingmaier et al. dagegen wies am Versuchsende mit dem Rottegrad II ein noch nicht durchrottetes Material auf. Die biologischen Abbauvorgänge waren in diesem Fall noch nicht abgeschlossen.

Abbildung 1 stellt die Ergebnisse der Abschnitte 3.1 bis 3.4 graphisch dar.

3.5 Gasentwicklung aerob behandelten Restmülls

Im Labormaßstab wurden mit aerob vorbehandeltem Substrat sowohl aus Gießen (Gosch 1992) als auch aus Ludwigsburg (Bidlingmaier et al. 1992b) Faulversuche durchgeführt. In beiden Fällen kam es, trotz vorgeschalteter Rotte, über einen Zeitraum von mehreren Wochen zu einer beträchtlichen Gasentwicklung.

Die produzierte Faulgasmenge lag in Gießen (Gosch 1992) im Vergleich zum ebenfalls untersuchten unbehandelten Substrat um Faktoren zwischen 5 und 6 niedriger. In Ludwigsburg schwankte die auf die zu Gas umgesetzte organische Trockensubstanz normierte Gasmenge in Bereichen zwischen 0,23–0,48 Nm^3/kg oTS. Die Gasmengenentwicklung des aerob behandelten Substrats lag somit im aus der Faulung von Klärschlämmen bekannten Bereich.

Die Methangehalte in beiden Untersuchungen lagen bei Versuchsabbruch zwischen 50 % und 70 %.

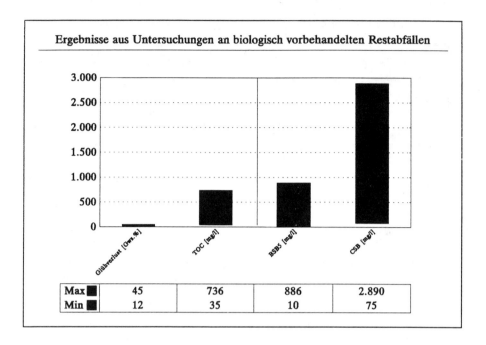
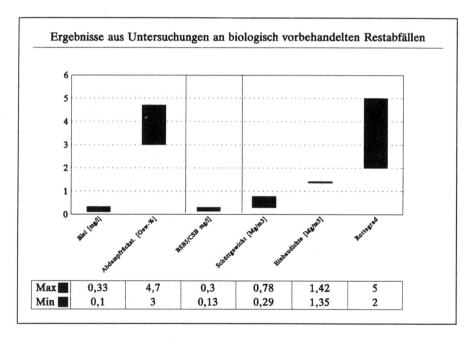

Abb. 1. Ergebnisse aus Untersuchungen an biologisch vorbehandelten Restabfällen

4 Zusammenfassung

Bezüglich des Verhaltens von biologisch vorbehandeltem Restmüll bei der Ablagerung wurden die Ergebnisse aus Untersuchungen der Jahre 1990–1992 ausgewertet.

Dies waren im Detail:

- 8 Rotteversuche,
- 4 Vergärungsversuche,
- 2 Gärversuche mit anschließender Kompostierung des Hydrolyserestes,
- 2 Faulversuche mit aerob vorbehandeltem Restmüll.

Folgende Ergebnisse sind festzuhalten, bezüglich

- der TA Siedlungsabfall: Die Vorgabe der TA Siedlungsabfall bezüglich der Restorganik von < 5 Gew.% (gemessen als Glühverlust) kann durch biologische Vorbehandlung des Restmülls nicht eingehalten werden.

  Die Ergebnisse des Eluattests zeigen – abgesehen von Parametern, die organische Komponenten repräsentieren, – Werte weit unter den Zielvorgaben der TA Siedlungsabfall. Der organische Gehalt, gemessen als TOC, liegt um mehrere hundert Prozent darüber.

- BSB_5 und CSB der Eluate: Alle BSB_5-und CSB-Untersuchungen zeigen eine deutliche Abnahme des BSB_5/CSB-Verhältnisses auf Werte < 0,3. Es kann daher mit nur noch gering vorhandener leicht abbaubarer organischer Substanz gerechnet werden.

- des Schüttgewichtes: Vorbehandlung des Restmülls sowie Umsetzvorgänge bei Rotte und Vergärung bewirkten im Vergleich zum Ausgangsmaterial beim biologisch behandelten Restmüll eine Erhöhung des Schüttgewichtes um mindestens das Doppelte. Auf der Deponie konnten Einbaudichten bis 1,4 Mg/m^3 erreicht werden.

- des Rottegrades: Rottegrade von II bis IV wurden erreicht. Einige Versuche wiesen am Versuchsende ein noch nicht durchrottetes Material auf. Die biologischen Abbauvorgänge waren in diesem Fall noch nicht abgeschlossen.

– einer Gasentwicklung des aerob vorbehandelten Materials: In zwei Versuchen kam es, trotz vorgeschalteter Rotte, über einen Zeitraum von mehreren Wochen zu einer beträchtlichen Gasentwicklung. Ein weiterer biologischer Abbau konnte durch eine Rotte nicht vollständig verhindert werden. Auf Deponien für biologisch vorbehandelten Restmüll ist somit eine Deponiegaserfassung zu installieren.

Literatur

Bidlingmaier et al. (1992a) Kompostierung von Ludwigsburger Restmüll in ünbelüfteten Dreiecksmieten, 3/92, unveröffentlicht

Bidlingmaier et al. (1992b) Vergärung von Ludwigsburger Restmüll in der BTA-Pilotanlage in Garching, 3/92, unveröffentlicht

Bidlingmaier et al. (1993) Begleitung des Rotteversuchs Restmüll Ludwigsburg, 5/93, unveröffentlicht

BTA, München (1990a) Aufbereitung von Bio- und Restmüll aus dem Landkreis Starnberg 11/90

BTA, München (1990b) Aufbereitungsversuch von Rest- und Gewerbeabfällen aus dem Landkreis Gießen 11/90

Damiecki (1991) (U.T.G Viersen) Behandlung von Restmüll vor der Deponierung. Vortrag auf dem 4. Aachener Kolloquium Abfallwirtschaft der RWTH Aachen, 11/91

Damiecki (1992) (U.T.G. Viersen) Mechanisch-biologische Restmüllaufbereitung. Müll und Abfall, 11/92

Damiecki (1993) (U.T.G. Viersen) Emissionen bei der Deponierung kalt vorbehandelten Restmülls. VDI-Berichte 1033: Techniken zur Restmüllbehandlung, Tagung in Würzburg, 4/93

Fricke (1992) (I.G.W. Witzenhausen) Untersuchung zur Leistungsfähigkeit der Restmüllverrottung nach dem Schaffhauser Modell, 7/92

Gosch (1992) (Labor für anaerobe Verfahrenstechnik, FH Gießen) Anaerobe Fermentation von Rest- und Gewerbemüll und von vorbehandeltem Rest- und Gewerbemüll im Labormaßstab, 2/92

Hoberg (1991) (RWTH Aachen) Möglichkeiten der Restmüllbehandlung und nachgeschaltete Kompostierung der Hydrolysereststoffe von Restabfällen der Stadt Aachen, 11/91

Kipper (1992) (Labor für Umwelt- und Rohstoffanalytik, Gießen) Restmüllrotteversuch Deponie Reiskirchen, 2/92

Loesche u. Werning (1992) Vorbehandlung von Rest- und Gewerbemüll durch die selektive Aufbereitung und Intensivrotte vor der Deponierung. Müll und Abfall, 6/92

Spillmann (1993) (Braunschweig) Anforderungen an die Vorbehandlung von Deponiegut zum Aufbau langzeitstabiler Deponiekörper im Vergleich mit den Anforderngen der TA Siedlungsabfall. VDI-Berichte 1033: Techniken der Restmüllbehandlung, Tagung in Würzburg, 4/93

Das Abfallwirtschaftskonzept des Landkreises Freudenstadt – Erfahrungen mit einem Bringsystem

Petra Zell

Die ständig zunehmende Abfallmenge und das geringer werdende Schüttvolumen der beiden kreiseigenen Deponien haben den Landkreis Freudenstadt veranlaßt, bereits am 1.1.1985 ein neues Abfallwirtschaftskonzept einzuführen. Auch die Aufgaben der Abfallbeseitigung sind seither neu geregelt. Auf Antrag und im Einvernehmen mit den Gemeinden und Städten ist der Landkreis seit diesem Zeitpunkt neben dem Behandeln, Lagern und Ablagern der im Kreisgebiet anfallenden Abfälle auch für das Einsammeln und für die Beförderung der Abfälle zuständig.

Das Abfallwirtschaftskonzept, das von allen Städten und Gemeinden unterstützt wird, ist vorwiegend ein Bringsystem und setzt auf die Mitwirkung der Bürger, der Industrie, des Gewerbes, des Handels und der Gastronomie bei der Müllvermeidung und bei der Trennung der wiederverwertbaren Altstoffe.

Die Abfallgebühren werden mit dem „Behältertarif" erhoben. Dabei muß je Haushalt mindestens ein Abfallbehälter mit einem Volumen von 35 Litern vorhanden sein. Ab 1994 wird eine 14tägige Leerung der 35-Liter-Behälter zugelassen. Der Behältertarif als Gebührenmaßstab belohnt somit die Müllvermeidungs- und Recyclingbemühungen der Bürger.

Das breit gefächerte Recyclingangebot umfaßt ein flächendeckendes, dichtes Netz von Sammelcontainern (181 Standorte) für Papier/Karton und für Altglas – getrennt nach Braun-, Grün- und Weißglas. In 21 Recyclingcentern werden zusätzlich Gartenabfälle, Holz, Schrott, Metalle, Aluminium, Elektrokabel, Altkleider, Textilien, Lumpen, brauchbare Schuhe, Hartplastik, Weichplastik, Styropor, Dosen und Problemabfälle entgegengenommen.

Seit dem 1.1.1992 ist das Duale System mit der Erfassung von Leichtverpackungen aus Metallen, Kunststoffen und Verbundstoffen über den Gelben Sack eingeführt.

Neben diesen Recyclingmaßnahmen führt der Landkreis Haus-zu-Haus-Sammlungen für Gartenabfälle/Holz, für Schrott/Metalle sowie für Problemabfälle (jeweils 2 Sammlungen im Jahr) durch. Außerdem gibt es einen Kompostplatz für Grünabfälle, eine Erdaushubbörse (Vermittlung von Erdaushub), die getrennte

Annahme von Altholz und die Auflage, daß Bauschutt und Baustellenabfälle nur noch sortiert abgelagert werden dürfen.

Geplant ist die Aufbereitung von umbelastetem Straßenaufbruchmaterial und Bauschutt sowie eine Sortieranlage für Gewerbeabfälle, gemischte Baustellenabfälle und Sperrmüll. Ferner sollen im Landkreis Freudenstadt zwei Anlagen für die Biomüllkompostierung errichtet werden.

Das Abfallwirtschaftskonzept des Landkreises Freudenstadt beruht auf der aktiven Mitarbeit des einzelnen Bürgers, der Industrie, des Gewerbes, des Handels und der Gastronomie bei der Müllvermeidung und bei der Trennung wiederverwertbaren Abfalls. Voraussetzung für eine gute Akzeptanz des Konzeptes ist die stete Information und Beratung, also eine nachhaltige Öffentlichkeitsarbeit. Sie beinhaltet die sachliche und zielgruppengerechte Information, Beratung und Motivation. Nur so lassen sich langfristige Verhaltensänderungen bewirken.

1 Ziele der Öffentlichkeitsarbeit

Ziel der Öffentlichkeitsarbeit ist es, die Bürger über die Zusammenhänge der Abfallentsorgung zu informieren und ihnen Möglichkeiten der Abfallvermeidung aufzuzeigen und auf die Einstellung des Bürgers (Konsum- und Kaufverhalten) einzuwirken.

Die Bürger sollen motiviert werden,

- möglichst wenige Produkte in Einwegverpackungen zu kaufen;
- mehrfach verpackte Waren zu meiden;
- kunststoffverpackte Waren zu meiden;
- so wenige Chemikalien wie möglich zu kaufen;
- Mehrwegsysteme zu bevorzugen;
- immer die eigene Einkaufstasche/Einkaufskorb zu benutzen;
- der Werbung gegenüber kritischer zu werden;
- alle Möglichkeiten einer Wiederverwendung zu prüfen, bevor etwas weggeworfen wird.

Ziel der Öffentlichkeitsarbeit ist es, die Bürger über Möglichkeiten der Problemmüllvermeidung und über umweltfreundlichere Alternativen zu informieren, um die Entgiftung des Hausmülls voranzutreiben.

Die Bürger sollen motiviert werden,

- alle Problemstoffe beim Recyclingcenter bzw. bei der Problemmüllsammlung abzugeben;

- alle Rücknahmestellen (Batterien zum Fachhandel oder ins Recyclingcenter, Altöl vorrangig zum Fachhandel) in Anspruch zu nehmen;
- keine Problemstoffe in die Mülltonne hineinzuwerfen;
- alternative, umweltfreundliche oder umweltverträglichere Produkte zu kaufen und zu verwenden.

Ziel der Öffentlichkeitsarbeit ist es, die Bürger über Möglichkeiten der getrennten Altstofferfassung und über Recyclingmöglichkeiten zu informieren, um die Sammelmenge weiter zu steigern, die Reinheit und Sauberkeit der Sammlung zu erhöhen und so das Restmüllaufkommen zu verringern.

Die Bürger sollen motiviert werden,

- die Mülltrennung verstärkt bereits im Haushalt durchzuführen;
- einen eigenen Komposthaufen im Garten anzulegen;
- möglichst alle gesammelten Altstoffe im Recyclingcenter abzugeben oder in die entsprechenden Container einzuwerfen oder für die Leichtverpackungen den Gelben Sack zu nutzen.

Ziel der Öffentlichkeitsarbeit ist es, Industrie- und Gewerbebetriebe von der Notwendigkeit abfallarmer Produktionsverfahren zu überzeugen und Möglichkeiten der getrennten Erfassung und Wiederverwertung der verschiedenen Abfälle aufzuzeigen, um das Gewerbemüllaufkommen zu vermindern.

Öffentlichkeitsarbeit oder, in Begriffen des Marketing, „Public Relations" ist ein sozialer Prozeß gegenseitiger Kommunikation. Ein Handbuch der Public Relations (PR) definiert PR als das bewußte, geplante und dauernde Bemühen, gegenseitiges Verständnis und Vertrauen in der Öffentlichkeit aufzubauen und zu pflegen. Öffentlichkeitsarbeit heißt also nicht nur Information, sondern Informationsaustausch mit den relevanten Zielgruppen.

Öffentlichkeitsarbeit heißt, seine Zielgruppen zu kennen. Das Informations- und Beratungsangebot muß lokal angepaßt und auf die verschiedenen Zielgruppen zugeschnitten sein.

2 Abfallberatung

Als erster Landkreis in Baden-Württemberg beschäftigte das Landratsamt Freudenstadt im Februar 1986 zwei Lehrerinnen im Rahmen einer Arbeitsbeschaffungsmaßnahme als Abfallberaterinnen. Im Jahre 1988 wurde eine Stelle für die Abfallberatung eingerichtet. Der Schwerpunkt der Abfallberatung lag in den ersten beiden Jahren im schulischen Bereich. Im Laufe des Jahres 1987 wurde die Öffentlichkeitsarbeit auf den Erwachsenenbereich ausgedehnt. Seit 1989 berät die Abfallberaterin auch die Gewerbebetriebe. 1992 stellte der Landkreis wieder eine zweite Abfallberaterin ein. Neben gemeinsamen Aufgaben und Tätigkeiten in der Öffentlichkeitsarbeit liegen die Arbeitsschwerpunkte der Beraterinnen zum einen in der Gewerbeabfallberatung und zum anderen in der Abfallberatung in Kindergärten und Schulen und Privathaushalten sowie in der Beratung von Städten und Gemeinden, öffentlichen Einrichtungen, Vereinen, Verbänden und anderen Zielgruppen.

2.1 Information und Beratung für Kinder und Jugendliche

Bereits im Kindergarten können Kinder spielerisch erfahren, was Müll ist, wo er entsteht, daß mancher Abfall wiederverwertbar ist und daß man Müll einsparen kann. Umweltbewußtes Verhalten sollte von Kindheit an eingeübt werden.

Ansprechpartner sind die Kindergärtnerinnen und Erzieherinnen, die man über die Träger der Kindergärten erreicht. Geeignet sind Fortbildungsveranstaltungen und Seminare mit Vorträgen und Führungen (z.B. Deponieführung, Führung im Recyclingcenter), bei denen Ideen und Erfahrungen ausgetauscht werden können.

Mit einigen Kindergartengruppen übte die Abfallberaterin selbst das „Müllsortieren", in vielen Fällen übernahmen die Erzieherinnen die Einführung einer getrennten Sammlung für die wiederverwertbaren Altstoffe. Das Angebot, an einer Deponieführung teilzunehmen, wurde bereits von über 20 Kindergartengruppen angenommen, zahlreiche Gruppen besuchten die Recyclingcenter vor Ort.

Eine Kindergartenmappe mit Anregungen und Ideen (Sachinformation, Basteltips, Spiele, Lieder, Malvorlagen, Literaturhinweise) steht kurz vor der Fertigstellung.

Im Rahmen der Ausbildung von Erzieherinnen und Kinderpflegerinnen hält die Abfallberaterin an der Ev. Berufsfachschule für Kinderpflege in Freudenstadt (Oberlinhaus) regelmäßig Vorträge über Müllvermeidung und -verwertung im Kindergarten und über das Abfallwirtschaftskonzept des Landkreises Freudenstadt.

Elternabende sind eine gute Gelegenheit, zusätzlich diese Zielgruppe zu erreichen. Das Angebot der Abfallberatung, an einem Elternabend einen Diavortrag mit anschließender Diskussion zu halten, stößt auf großes Interesse. Allein in den Jahren 1991/92 kamen 55 Elternabende zustande, die alle gut besucht waren.

Schulpflichtige Kinder und Jugendliche aller Altersstufen lernen durch anschauliche und praxisnahe „Müllstunden" im Schulunterricht abfallbewußtes Verhalten. Lebhafte und interessante Stunden gelingen am besten mit Müll, der aus einer mitgebrachten Tonne im Klassenzimmer ausgeleert wird. Die Schüler lernen so im wahrsten Sinne des Wortes, das Müllproblem zu begreifen.

Erfahrungsgemäß berichten vor allem jüngere Schüler zu Hause von ihren „Müllerlebnissen", und so erreicht man über die Kinder auch die Eltern.

Je nach Alter der Schüler, je nach Unterrichtsfach und Interessenlage bieten sich verschiedene Schwerpunkte an, die in laufende Unterrichtsreihen eingebunden werden können. Die Zusammenarbeit mit den Fachlehrern ist besonders wichtig, da sie das Thema immer wieder unter verschiedenen Aspekten in ihrem Unterricht aufgreifen und vertiefen können. Zur Information und Beratung der Lehrer gehören das persönliche Beratungsgespräch, Kurzreferate und Diskussionen auf Lehrerkonferenzen, Lehrerfortbildungen und das Bereitstellen von Informationsmaterial und die Unterstützung im Rahmen pädagogischer Tage (z.B. Exkursionen zu Müllentsorgungsanlagen, Unterrichtsmitschau).

Sehr gute Erfahrungen hat der Landkreis Freudenstadt mit seiner intensiven Öffentlichkeitsarbeit in allen Schultypen gemacht. Dank der Unterstützung seitens des Schulamtes und der Schulleiter konnten im Landkreis Freudenstadt inzwischen weit über 21 000 Schülerinnen und Schüler in mindestens einer Unterrichtsstunde direkt erreicht werden.

Die Schulleiter werden durch Rundschreiben über das Angebot der Abfallberaterin informiert, zu dem auch differenzierte Unterrichtsstunden zu einzelnen Müllthemen gehören. Beispielhaft wurden für alle Klassen Lehrplaninhalte einzelner Fächer ausgewiesen, die sich als Anknüpfungspunkte zum Thema Müll anbieten.

Da Umwelterziehung nicht in einer Stunde stattfinden kann, sind wiederholte Besuche mit unterschiedlicher Schwerpunktsetzung notwendig, oder die Fachlehrer arbeiten das Thema in ihrem Unterricht auf. Anschaulichkeit vermitteln neben dem echten Müll geeignete Medien wie Filme, Videos und eine selbsterstellte Diaserie über das Abfallwirtschaftskonzept des Landkreises Freudenstadt.

Wichtig ist der lokale Bezug: Betroffen macht die Deponie hinter der eigenen Haustür. Am eindrucksvollsten aber ist das persönliche Erlebnis: Führungen auf der Deponie, im Recyclingcenter, beim Altglasverwertungsbetrieb oder in der Papierfabrik. Hierfür bieten sich Projekttage an, die mit Rat und Tat unterstützt werden. Zum einen werden die Projekte dokumentiert und allen Schülern und Lehrern der Schule vorgestellt, zum anderen tragen Berichte in der Lokalpresse Informationen über die Projekttage in die breite Öffentlichkeit.

Öffentlichkeitsarbeit in den Schulen heißt auch, Aktionen zu unterstützen, die von den Schulen initiiert werden (z.B. getrennte Sammlung wiederverwertbarer Abfälle in der Schule, Komposthaufen im Schulgarten). Zahlreiche Schulen haben die getrennte Sammlung wiederverwertbarer Altstoffe im Schulgelände eingeführt.

2.2 Informationen und Beratung für Erwachsene

Während man Kinder und Jugendliche über die Institution Schule gut erreichen kann, muß die Information und Beratung von Erwachsenen auf verschiedenen Schienen gleichzeitig laufen. Dazu gehören Pressearbeit, Vorträge, Informationsveranstaltungen, Ausstellungen, Sonderaktionen und das Gespräch mit dem einzelnen Bürger.

Die Pressearbeit ist der Kern der Öffentlichkeitsarbeit. Wichtig ist die sachliche Information, die allgemeinverständlich formuliert werden muß. Pressemitteilungen werden über die Tagespresse, Anzeigenblätter, Zeitschriften, Amts- und Mitteilungsblätter veröffentlicht. Da bei einem Überangebot an Information die Gefahr der Überforderung und Ermüdung der Bürger besteht und die Bürger so des Themas überdrüssig werden könnten, bemüht sich die Abfallberatungsstelle in Zusammenarbeit mit der Pressestelle, wohldosiert zu informieren und gezielt für das Konzept zu werben.

Der Landkreis Freudenstadt gibt jedes Jahr eine Abfallfibel mit Abfallkalender heraus, die als Postwurfsendung an alle Haushalte verschickt wird (Auflage 50 000).

Die handliche Broschüre (46 Seiten) wird jedes Jahr neu überarbeitet und enthält als praktischer Ratgeber viele Tips und Informationen in Sachen Müll und einen Abfallkalender. Anhand tabellarischer Übersichten kann jeder Bürger erfahren, wann bei ihm der Restmüll abgefahren wird, wie sich im Laufe des Jahres die Termine durch die Feiertage ändern, wann die Termine für Sperrmüll, Schrott, Gartenabfälle und Problemmüll sind und an welchen Tagen der Gelbe Sack abgeholt wird. Eine alphabetische Auflistung informiert schließlich über rund 180 wiederverwertbare Altstoffe und Problemabfälle sowie deren richtige Entsorgung. Die Abfallfibel ist 1991 von einer Freudenstadter Werbeagentur neu gestaltet worden. Durch ein neues Layout, Karikaturen und Textüberarbeitungen wurde die Fibel leichter lesbar und optisch ansprechender. Die Klarheit der Aussagen konnte weiter verbessert werden. Zahlreiche Telefonanrufe belegen, daß die Fibel gut bei den Bürgern ankommt und viele diese das Jahr über aufbewahren.

Eine bürgernahe Öffentlichkeitsarbeit beinhaltet die Zusammenarbeit mit den Gemeinden und Bürgermeisterämtern, mit Vereinen und Verbänden und die gezielte Ansprache im kleinen Kreis. Erfolgreich verlaufen Informationsabende und Vorträge, wenn die Gemeinde, besser noch der Verein, die Jugendgruppe, der Hausfrauenverband, die Interessengemeinschaft oder die Partei hierzu einladen. Zu den zahlreichen Informationsabenden mit Vortrag, Diaschau und Diskussion zählen Veranstaltungen bei: Landfrauenverbänden, Hausfrauenverband, Frauengemeinschaften, Frauengruppen (Frauentreff/Umwelt, Frauen/Öko-Stubegang), Mutter-und-Kind-Kreis, Senioren-Volkshochschule, Seniorenkreis, Altenwerk, Ortsverein der Parteien (Müllarbeitskreise), Kirchengemeinde (Pfarrämter, Jugendkreise), BUND-Ortsgruppen und Jugendgruppen.

Vorträge für Mitarbeiterinnen und Mitarbeiter von Pflegeheimen, gemeinnützigen Werkstätten und Therapiegemeinschaften sowie in der Bundeswehrkaserne erweitern die Öffentlichkeitsarbeit der Abfallberaterin im Erwachsenenbereich.

Im Rahmen des Deutschunterrichtes für Aussiedler finden darüber hinaus regelmäßig Vorträge zur Müllvermeidung und Wiederverwertung statt. Asylbewerber werden von der Abfallberaterin in ihren Unterkünften aufgesucht, und sie informiert anschaulich, mit praktischen Beispielen und mit Unterstützung der Hausmeister über die getrennte Sammlung von Altstoffen.

Eingebunden in die permanente Öffentlichkeitsarbeit halten gezielte Einzelaktionen das Bürgerinteresse wach, z.B. Preisausschreiben, Ideen- und Fotowettbewerbe.

Der Landkreis Freudenstadt wirbt für die private Kompostierung von Gartenabfällen und organischen Küchenabfällen. Seit 1991 bezuschußt der Landkreis Kompostbehälter zur privaten Kompostierung mit bis zu 25 DM je Komposter für maximal 2 Komposter je Grundstück. Über 1500 Neuanschaffungen von Kompostern wurden bereits bezuschußt.

Seit 1991 versucht das Landratsamt Freudenstadt mittels stichprobenartiger, gebietsweiser Mülleimerkontrollen diejenigen Bürger zu erreichen, die immer noch größere Mengen wiederverwertbarer Altstoffe in ihren Mülleimer werfen. Die Mitarbeiter des Müllabfuhrunternehmens hängen einen Papieranhänger an die geleerten Mülleimer, sofern sie Papier, Karton, Glas oder Verkaufsverpackungen aus Metallen, Verbundstoffen oder Kunststoffen finden. Der Anhänger fordert die Mülltonnenbesitzer auf: „Halt! Sortieren Sie Ihren Müll! Papier, Karton und Glas gehören nicht in den Mülleimer. Dafür gibt es Container – ganz in Ihrer Nähe. Verkaufsverpackungen aus Metallen, Verbundstoffen und Kunststoffen gehören nicht in den Mülleimer. Dafür gibt es einen Gelben Sack. Recycling ist Pflicht! Machen Sie mit!" Außerdem ist die Telefonnummer der Abfallberatungsstelle angegeben.

2.3 Telefonberatung

Zahlreiche telefonische Anfragen über Vermeidungsmöglichkeiten von Verpackungsabfällen, die Umweltfreundlichkeit verschiedener Verpackungen, die Verwertbarkeit verschiedener Stoffe, über Abgabemöglichkeiten von Problemabfällen und zur Kompostierung zeugen von einem steigenden Umweltbewußtsein und vom Informationsbedarf der Bürger und auch der Gewerbebetriebe. Kritisch hinterfragt wird vor allem die Einführung des Dualen Systems und die Sammlung von Verpackungsabfällen über den Gelben Sack.

2.4 Gewerbeabfallberatung

Das Abfallwirtschaftskonzept des Landkreises Freudenstadt setzt auch auf die Mitwirkungsbereitschaft der Betriebe, Müll zu vermeiden und verwertbare Abfälle getrennt zu entsorgen. Ziel ist es, die Betriebe über Möglichkeiten der Abfallvermeidung, -verwertung und -entsorgung zu informieren und zu beraten. Die Kreisverwaltung bemüht sich, durch ihre Hilfe bei der Lösung von Müllproblemen ein partnerschaftliches Verhältnis zwischen Behörde und Betrieb aufzubauen.

Anlaß zu vorrangigen Beratungen bei Gewerbe- und Industriebetrieben geben oft die Eingangskontrollen bei der Deponieanlieferung. Bei Einzelberatungen vor Ort werden Lösungsmöglichkeiten für die betriebsspezifischen Abfallprobleme gesucht, dazu gehört auch die Vermittlung von geeigneten Altstoffverwerterbetrieben und -transporteuren. Das Landratsamt stützt sich dabei auf eigene Recherchen, Veröffentlichungen in der Fachliteratur und branchenspezifische Informationsblätter, Broschüren und Adressenlisten von Verwertern, Transporteuren und Annahmestellen diverser Altstoffe in Baden-Württemberg, die das Informationszentrum für betrieblichen Umweltschutz beim Landesgewerbeamt Baden-Württemberg herausgibt.

Das Landratsamt nutzt den vereinfachten Entsorgungnachweis, der gemäß Abfall- und Reststoffüberwachungsverordnung seit 1992 zu führen ist, um Art und Menge der gewerblichen Abfälle zu erfassen und mittels einer EDV-gestützten Datenerhebung auszuwerten (Abfallkataster). Die Betriebe erklären auf einem Beiblatt zum vereinfachten Entsorgungsnachweis die genaue Zusammensetzung des Restmülls und begründen, warum der angelieferte Müll nicht verwertbar ist. Darüber hinaus liefert eine Zusatzerklärung über die wiederverwertbaren Altstoffe, die bereits dem Altstoffmarkt zugeführt oder innerbetrieblich verwertet werden, einen Überblick über die bereits abgeschöpften Mengen und ihre Entsorgungswege (Verwerteranschrift oder Transporteur). Die Angaben der Betriebe werfen in fast allen Fällen Fragen auf und geben Anlaß zu Beratungsgesprächen. Oftmals müssen unvollständige Angaben vor Ort nachgeprüft und ergänzt werden.

Eine Informationsbroschüre „Abfälle aus Gewerbebetrieben" (1. Auflage 1992, 2000 Exemplare) enthält eine Übersicht über die wichtigsten Abfallarten und ihre Entsorgung im Landkreis Freudenstadt. Im einzelnen wird die satzungsgemäße getrennte Sammlung wiederverwertbarer Altstoffe, die richtige Sortierung von Bauschutt und Baustellenabfällen und die sichere Entsorgung von Sonderabfällen erläutert. Neben wichtigen Informationen zur Verpackungsverordnung enthält die Broschüre die Adressen von Entsorgungsunternehmen und Containerdiensten, die im Landkreis Freudenstadt tätig sind. In Zusammenarbeit mit der Kreishandwerkerschaft Freudenstadt ging die Broschüre allen Mitgliedern der hier angeschlossenen Handwerksinnungen zu.

Auf den Jahresversammlungen zahlreicher Innungen konnte die Abfallberaterin in Vorträgen und Diskussionen das Abfallwirtschaftskonzept des Landkreises Freudenstadt vorstellen und auf branchenspezifische Entsorgungsprobleme eingehen.

Seit 1992 arbeitet das Landratsamt mit der Umweltakademie der IHK Nordschwarzwald in Freudenstadt zusammen.

Darüber hinaus wächst die Nachfrage nach Veranstaltungen, die zielgruppengerecht über Abfallvermeidung und -verwertung und Probleme der Abfallentsorgung informieren. Dazu zählen Vorträge, Diskussionen und Führungen auf den Mülldeponien, im Recyclingcenter und auf der Kompostanlage für Mitarbeiter von Forstämtern, Hausmeister von Tagungsstätten, Betriebsräte (IG Metall), KrankenpflegerInnen und Mitarbeiter der Krankenhäuser, Umweltarbeitsgruppen von Gewerbebetrieben und Arbeitskreise, beispielsweise der Kreisgärtner und des Junghandwerks.

3 Wirkung von Öffentlichkeitsarbeit

Eine genaue Kontrolle darüber, wie die Öffentlichkeitsarbeit gewirkt und durch welche Maßnahmen man die Bürger am besten erreicht hat, läßt sich wohl am ehesten durch eine Umfrage oder eine Fragebogenaktion ermitteln. Einzelrückmeldungen erhält man durch Telefonanrufe und persönliche Gespräche.

Der Erfolg einer kontinuierlichen Öffentlichkeitsarbeit – sicherlich verbunden mit einem gestiegenen Umweltbewußtsein der Bürger – läßt sich in Freudenstadt auch anhand der Sammelergebnisse messen: Die Sammelmenge der im Landkreis Freudenstadt getrennt erfaßten Altstoffe hat mit Beginn der Öffentlichkeitsarbeit (Februar 1986) deutlich zugenommen. Die Sammelmengen sind seither kontinuierlich gestiegen (Tabelle 1, Abb. 1).

Tabelle 1. Sammelmengen (Altstoffe) insgesamt

	in Tonnen	kg je Einwohner
1985	6.057,95	59,97
1986	7.544,61	74,23
1987	9.747,35	95,45
1988	10.963,77	106,31
1989	13.114,88	124,93
1990	14.094,60	129,56
1991	14.958,53	143,89
1992	17.186,56	151,27

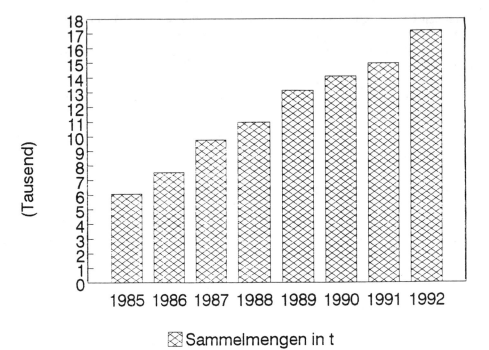
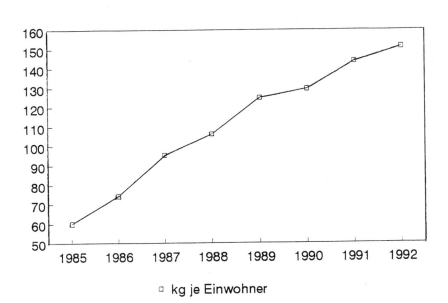

Abb. 1 a,b. Sammelmengen (Altstoffe), **a** insgesamt, **b** einwohnerspezifisch

Die abgelagerte Müllmenge im Landkreis Freudenstadt ist von 1985 bis 1992 beim Haus- und Sperrmüll deutlich zurückgegangen. Das Behältervolumen für die Abfuhr von Hausmüll hat 1992 gegenüber dem Vorjahr um über 30 000 Liter pro Woche abgenommen, bei gleichzeitig gestiegener Bevölkerungszahl.

Ein stetiger Anstieg war beim Gewerbemüll bis 1989 zu verzeichnen. Seit Einführung einer „Zusatzgebühr" für unsortierten Müll im Jahr 1991 – verbunden mit einer verstärkten Gewerbeabfallberatung – geht die Gewerbemüllmenge zurück (Tabelle 2, Abb. 2).

Mengenentwicklungen 1985–1992: Die angegebenen Mengen wurden vom Kreisplanungsamt des Landratsamtes Freudenstadt durch Vermessung ermittelt (1985–1991), seit 1992 erfolgt die Ermittlung über die Deponiewaagen.

Die abgelagerte Müllmenge im Landkreis Freudenstadt ist von 1985–1992 beim Haus- und Sperrmüll um über 46 000 m^3/Jahr zurückgegangen. Der Anstieg in den Jahren 1988 und 1989 beruht darauf, daß die Gemeinden Pfalzgrafenweiler, Grömbach, Wörnersberg und Waldachtal-Cresbach seit dem 1.1.1988 an die Mülldeponie Bengelbruck angeschlossen sind. Vorher wurden die Gemeinden über die Mülldeponie Walddorf im Landkreis Calw entsorgt.

Ein stetiger Anstieg war beim Gewerbemüll bis 1989 zu verzeichnen. Seit Einführung einer „Zusatzgebühr" für unsortierten Müll im Jahr 1991 geht die Gewerbemüllmenge verstärkt zurück.

Erdaushub und Bauschutt dürfen grundsätzlich nicht auf Hausmülldeponien abgelagert werden. Die hier angelieferte Menge ist insgesamt unbedeutend und wird hauptsächlich für den Bau der Randdämme oder zur Abdeckung der Deponie verwendet.

Der angelieferte Klärschlamm auf den Deponien hat seit 1985 zugenommen. Man kann davon ausgehen, daß aufgrund der Preisentwicklung bei den Müllgebühren wieder mehr Klärschlamm auf die Äcker in der Landwirtschaft ausgebracht wird. Im ersten Halbjahr 1993 hat die angelieferte Menge deutlich abgenommen.

Tabelle 2. Müllmengenentwicklung insgesamt (in m^3, unverdichtet)

	Haus/Sperrmüll	Gewerbemüll	Erdaushub	Klärschlamm
1985	190.345	82.599	24.562	2.094
1986	187.024	82.701	27.567	1.702
1987	165.833	92.395	29.916	1.578
1988	170.134	108.916	14.193	1.639
1989	173.653	114.027	12.579	1.789
1990	163.538	113.773	10.235	1.912
1991	146.433	94.408	4.071	3.257
1992	144.291	84.336	2.078	3.454

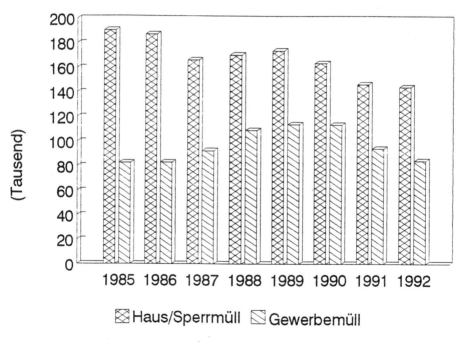

Abb. 2. Müllmengenentwicklung (in m^3, unverdichtet)

Biologische Restmüllbehandlung

Christel Wies

Moderne Konzepte zur Entsorgung von Siedlungsabfällen sehen vor, die verwertbaren Stoffe getrennt zu erfassen und stofflich zu verwerten. Gleichzeitig soll durch die gesonderte Sammlung von Problemabfällen eine Schadstoffentfrachtung des Abfalls erfolgen. Der nach der Durchführung dieser Maßnahmen noch anfallende Restmüll soll so vorbehandelt werden, daß er umweltverträglich entsorgt werden kann.

Um eine umweltverträgliche Entsorgung sicherzustellen, sollen in der Zukunft nur noch weitgehend mineralisierte Abfälle deponiert werden. Die TA Siedlungsabfall, die am 1. Juni 1993 in Kraft getreten ist, fordert daher bei den Zuordnungswerten für die Deponieklasse II unter anderem einen Glühverlust ≤ 5 Gew.% bzw. einen TOC (Gesamtgehalt an organischem Kohlenstoff) ≤ 3 Gew.%. Durch diese Begrenzung des organischen Anteils im Restmüll sollen unkontrollierte biologische Prozesse innerhalb der Deponie auf ein Minimum begrenzt werden.

Neben den „heißen" thermischen Verfahren wurden im Rahmen der Erarbeitung der TA Siedlungsabfall auch „kalte" mechanisch-biologische Verfahren zur Vorbehandlung von Restmüll vor der Deponierung in die Diskussion gebracht. Nachfolgend sollen Vorteile und Grenzen mechanisch-biologischer Restmüllbehandlungsverfahren anhand folgender Fragen beleuchtet werden:

– Was ist Restmüll?
– Welche Verfahren der mechanisch-biologischen Restmüllbehandlung gibt es?
– Wie sind mechanisch-biologische Verfahren vor dem Hintergrund der TA Siedlungsabfall zu bewerten?

1 Menge und Zusammensetzung von Restmüll

Restmüll ist der nach Vermeidung und weitgehend getrennter Erfassung von Wertstoffen und Problemabfällen anfallende Abfall, der einer endgültigen Entsorgung zugeführt werden muß. Dabei ist zu beachten, daß der verbleibende „Rest" des gesamten Siedlungsabfalls, d. h. Haushaltsmüll, Sperrmüll und

Gerätschaftsmüll, zu entsorgen ist. Gegebenenfalls sind noch weitere Abfälle einzubeziehen, z.B. aus dem Baubereich, kommunale Klärschlämme und andere.

In Nordrhein-Westfalen wurden beispielsweise 1990 laut Landesamt für Datenverarbeitung und Statistik 24 586 825 t Abfall an öffentliche Abfallentsorgungsanlagen angeliefert. Allein die über die öffentliche Müllabfuhr eingesammelte Menge lag 1990 bei 6 119 809 t.

Die Zusammensetzung des anfallenden Restmülls aus Haushalten ist von verschiedenen Einflußfaktoren abhängig. Als wichtigste seien genannt:

– Auswahl der getrennt erfaßten Stoffe: Im Hinblick auf eine biologische Restmüllbehandlung ist es besonders wichtig, ob die biogen organische Abfallfraktion getrennt erfaßt wird oder im Restmüll verbleibt.
– Erfassungssystem für die getrennte Sammlung: Das gewählte Erfassungssystem beeinflußt vor allem die Menge und den Reinheitsgrad der getrennt erfaßten Altstoffe.
– Siedlungsstruktur des Entsorgungsgebietes: Der Hausmüll enthält beispielsweise in Wohngebieten mit vorwiegender Einzelhausbebauung deutlich höhere Grünabfallanteile als in Gebieten mit vorwiegender Hochhausbebauung.

2 Mechanisch-biologische Verfahren zur Restabfallbehandlung

Die nachfolgenden Aussagen beziehen sich ausschließlich auf die biologische Behandlung von Restmüll mit dem Ziel der Vorbehandlung vor der Deponierung; die biologische Behandlung von getrennt erfaßten Grün- und Bioabfällen mit dem Ziel der stofflichen Verwertung soll an dieser Stelle nicht weiter betrachtet werden.

Allgemein können alle Abfälle mit einem hohen Anteil an biogen organischer Substanz biologisch behandelt werden. Dabei können grundsätzlich aerobe und anaerobe Verfahren unterschieden werden. Bei der aeroben Behandlung werden biogen organische Stoffe unter Anwesenheit von Sauerstoff ab- und umgebaut, während die anaerobe Behandlung unter Sauerstoffausschluß erfolgt.

Der Begriff „mechanisch-biologisch" beschreibt die Tatsache, daß der eigentlichen biologischen Behandlung eine mechanische Vorbehandlung vorgeschaltet ist.

2.1 Mechanische Vorbehandlung

Bei der mechanischen Aufbereitung soll vor allem eine Auslese von Störstoffen sowie eine Zerkleinerung und Homogenisierung des Restabfalls erfolgen. Dazu werden in der Abfallaufbereitung gängige Verfahrenskomponenten wie Sortierstationen, Sieb- und Sichtungseinheiten, Magnetabscheider, Zerkleinerungsaggregate und Einrichtungen zur Homogenisierung eingesetzt. Die Auswahl bestimmter Verfahrensschritte hängt in erster Linie vom anfallenden Restmüll und dem nachfolgenden biologischen Verfahren ab. Im allgemeinen sind, verfahrensbedingt, bei anaeroben Verfahren die Anforderungen an die mechanische Vorbehandlung höher.

2.2 Aerobe Behandlung

Die aerobe Behandlung oder Rotte kann entweder auf Mieten, in Rottetrommeln oder anderen Rotteaggregaten erfolgen. Dabei entsteht ein Rotteprodukt, das im Vergleich zum Ausgangsmaterial homogener und biologisch stabiler ist. Da ein Teil der organischen Substanz zu Kohlendioxid und Wasser abgebaut wird, werden die Abfallmenge und das Abfallvolumen reduziert. Der nach der Behandlung verbleibende Anteil an organischer Substanz dürfte, als Glühverlust gemessen, bei über 20 Gew.% liegen.

Für die aerobe Behandlung stehen aus dem Bereich der Kompostierung eine Reihe verschiedener Verfahren zur praktischen Verfügung. Die längsten und umfangreichsten Erfahrungen liegen dabei für die Müll- bzw. Müllklärschlammkompostierung vor. Eine aerobe Behandlung als Vorbehandlung vor der Deponierung wurde auf einzelnen Deponien bereits durchgeführt. Allerdings wurde dabei, bis auf wenige Ausnahmen, nicht Restmüll, wie er nach weitgehend getrennter Sammlung übrigbleibt, eingesetzt.

2.3 Anaerobe Behandlung

Für eine anaerobe Behandlung oder Vergärung liegen verschiedene Verfahrenskonzepte vor. Eine Unterscheidung läßt sich u. a. danach treffen, ob die gesamte anaerobe Umsetzung in einem Reaktor – einstufiges Verfahren – durchgeführt wird oder ob die Verfahrensschritte Hydrolyse und Methanbildung nacheinander getrennt in zwei Reaktoren – zweistufiges Verfahren – ablaufen. Weiterhin kann zwischen Trocken- und Naßfermentation unterschieden werden: In „trockenen" Verfahren wird der Abfall, so wie er anfällt, mit einem Wassergehalt von ca. 60–70 % vergoren. Bei „nassen" Verfahren wird dagegen ein Wassergehalt von etwa 90 % eingestellt.

Als Produkte entstehen Biogas, das sich im wesentlichen aus Methan und Kohlendioxid zusammensetzt, und ein fester Gärrückstand, dessen Anteil an organischer Substanz, als Glühverlust gemessen, bei etwa 45–50 Gew.% liegt.

Darüber hinaus fällt im allgemeinen überschüssiges Wasser an, das so weit wie möglich als Prozeßwasser genutzt wird. Durch die Umsetzung organischer Substanz zu Biogas werden bei der Vergärung die Abfallmenge und das Abfallvolumen ebenfalls verringert.

Im Vergleich zur Kompostierung ist der technische Aufwand für die Vergärung im allgemeinen höher. Die entwickelten Verfahrenskonzepte sind häufig erst halbtechnisch realisiert worden. Zur Vergärung von Restmüll liegen zur Zeit nur wenige Versuche in kleinerem Maßstab vor.

3 Bewertung der mechanisch-biologischen Restabfallbehandlung

An Verfahren zur Behandlung von Restmüll vor der Deponierung sind grundsätzlich folgende Anforderungen zu stellen:

(1) Die Entsorgungsziele

– Überführung des Restmülls in eine verwertbare oder ablagerungsfähige Form,
– Zerstörung oder Einbindung der Schadstoffe,
– weitgehende Volumenreduzierung

müssen erreicht werden. Das eingesetzte Behandlungsverfahren darf selbst nicht zu unvertretbaren Emissionen führen.

(2) Die eingesetzten Behandlungsverfahren sollen dem Stand der Technik entsprechen und damit betriebssicher sein. Angesichts des in den nächsten Jahren drohenden Entsorgungsnotstandes in vielen Kommunen sind längere Ausfallzeiten nicht mehr vertretbar. Verfahren oder Verfahrenskomponenten, die sich noch in der Entwicklung befinden, sollten daher nur bei bestehenden Entsorgungsalternativen eingesetzt werden.

(3) Der Begriff „Stand der Technik" wird in der TA Siedlungsabfall definiert als „Entwicklungsstand fortschrittlicher Verfahren, Einrichtungen oder Betriebsweisen, der die praktische Eignung einer Maßnahme für eine umweltverträgliche Abfallentsorgung gesichert erscheinen läßt". Bei seiner Bestimmung sind „insbesondere vergleichbare geeignete Verfahren, Einrichtungen oder Betriebsweisen heranzuziehen, die mit Erfolg im Betrieb erprobt worden sind".

Nachfolgend sollen unter Berücksichtigung dieser Anforderungen wichtige Kriterien für den Einsatz mechanisch-biologischer Verfahren untersucht werden.

3.1 Stand der Entwicklung

Auf einzelnen Deponien liegen Erfahrunen mit der aeroben Vorbehandlung von Hausmüll vor. Vergleichbare großtechniche Erfahrungen mit der Verrottung von Restmüll, besonders wenn dieser nach getrennter Erfassung des Bioabfalls anfällt, sind im Entsorgungsmaßstab erst in Ansätzen vorhanden. Einige Versuche mit Restmüll sind bereits durchgeführt worden oder laufen derzeit. Beispielsweise sind in Nordrhein-Westfalen auf den Deponien Neuß und Viersen Versuche zur mechanisch-aeroben Vorbehandlung von Restmüll durchgeführt worden. Das Emissionsverhalten hinsichtlich Menge und Zusammensetzung von Gas- und Sickerwasser wird derzeit im Lysimetermaßstab untersucht.

Mit Hilfe dieser Versuche wurde ein Verfahren entwickelt, das eine Homogenisierung und Vorrotte des Restmülls in einer Rottetrommel und eine ungefähr achtwöchige Nachrotte vorsieht. Die Nachrotte findet auf ca. 85 cm hohen Flächenmieten auf der Deponiefläche statt. Anschließend wird das derart vorbehandelte Material an Ort und Stelle verdichtet. Eine erste Anlage dieser Art wird zur Zeit auf der Deponie Horm des Kreises Düren errichtet.

Zur anaeroben Restmüllbehandlung, an die häufig noch eine aerobe Rotte angeschlossen wird, liegen bislang noch keine großtechnischen Erfahrungen vor. Es sind kleinere Versuche bekannt, z.B. ein vierwöchiger Pilotversuch mit Restmüll aus der Stadt Aachen und anderen Kommunen in der Demonstrationsanlage der Firma BTA. Insgesamt liegen in diesem Bereich relativ wenige praktische Erfahrungen vor.

An dieser Stelle ist außerdem anzumerken, daß eine Übertragung von Erfahrungen, die mit Anlagen zur ausschließlichen Bio- und Grünabfallbehandlung gewonnen wurden, im allgemeinen nicht möglich ist. Ebenso können Erfahrungen aus dem Ausland nicht ohne weiteres auf die Verhältnisse in der Bundesrepublik Deutschland übertragen werden.

3.2 Umweltverträglichkeit der Rückstände und Produkte

3.2.1 Masse- und Volumenreduzierung

Zunächst ist festzulegen, worauf sich die angegebenen Masse- und Volumenreduzierungen beziehen: Bei der mechanischen Vorbehandlung erfolgt in der Regel eine Abtrennung der für die eigentliche biologische Behandlung nicht geeigneten Stoffe. Der größte Anteil dieser abgetrennten Stoffe muß allerdings ebenfalls weiterbehandelt bzw. deponiert werden. Eine Abtrennung als verwertbare Fraktion ist in erster Linie für Eisenmetalle denklbar. Eine deutliche Masse- und Volumenreduzierung tritt während der biologischen Behandlung ein. Insgesamt sollte die Angabe der Masse- bzw. Volumenreduzierung auf die gesamte Inputmenge an Restmüll bezogen werden.

Danach dürfte die nach der aeroben Rotte verbleibende Restmenge bei etwa 700–800 kg/t Input liegen. Die nach der anaeroben Vergärung übrigbleibende Restmenge hängt stark vom Wassergehalt des Gärrückstandes ab. Im Versuch mit Aachener Restmüll wurden etwa 900 kg/t Input gefunden. Auf das Volumen bezogen liegt die Reduzierung durch mechanisch-aerobe und mechanisch-anaerobe Verfahren mit bis zu ca. 40 % höher.

3.2.2 Zerstörung bzw. Einbindung von Schadstoffen

Abgesicherte Bilanzen liegen weder für anorganische noch für organische Schadstoffe vor. Für die aerobe Rotte kann davon ausgegangen werden, daß die anorganischen Schadstoffe im wesentlichen im festen Rückstand verbleiben, wobei ihre Konzentration aufgrund des Masseverlustes während der Rotte höher als im Inputmaterial liegen dürfte. Über die Mobilität bzw. Festlegung der Schwermetalle liegen keine gesicherten Erkenntnisse vor. Organische Schadstoffe werden vermutlich nur in sehr geringem Umfang zerstört.

Für anaerobe Behandlungsverfahren ist zu erwarten, daß sich anorganische Schadstoffe sowohl im Gärrückstand als auch im Prozeß- bzw. Abwasser wiederfinden. Organische Schadstoffe dürften, analog zur aeroben Behandlung, allenfalls in sehr kleinem Umfang zerstört werden.

3.2.3 Deponieverhalten der festen Behandlungsrückstände

Im Vergleich zu unbehandeltem Restmüll sind Vorteile, vor allem deponietechnischer Art, zu erwarten. Biologisch vorbehandelter Abfall wird homogener sein und läßt, da ein Teil der leichter abzubauenden Organik bereits entfernt wurde, geringere Setzungen auf der Deponie erwarten. Insgesamt kann allerdings bei Glühverlusten von ca. 25 Gew.% für die aerobe und etwa 45–50 Gew.% für die anaerobe Behandlung nicht von einer weitestgehenden Mineralisierung ausgegangen werden. Auch der biologisch behandelte Restmüll enthält noch organische Substanz, die später biologische Reaktionen in der Deponie hervorrufen kann. Als Folge davon ist mit der Bildung von Deponiegas und organisch belastetem Sickerwasser zu rechnen. Längere Untersuchungen über das Verhalten von biologisch vorbehandeltem Restmüll unter realen Deponiebedingungen, die allein belastbare Daten zur tatsächlichen Deponiegasbildung, Sickerwasserbelastung und zu den bodenmechanischen Eigenschaften liefern können, liegen noch nicht vor.

Die Anforderungen der TA Siedlungsabfall für die Begrenzung der organischen Substanz (Glühverlust $\leq$ 5 Gew.% bzw. TOC $\leq$ 3 Gew.%) werden nicht eingehalten.

3.2.4 Abwasser

Bei der Rotte kann organisch belastetes Abwasser anfallen. Bei der Vergärung fällt ein mit organischen Inhaltsstoffen und Salzen belastetes Prozeßwasser an, dessen Menge vor allem vom eingesetzten Verfahren abhängig ist. Dieses Prozeßwasser soll nach Möglichkeit im Kreis geführt werden, so daß vermutlich eine Aufbereitung nötig sein wird. Inwieweit darüber hinaus Abwasser anfällt, bedarf noch der Klärung.

Aufgrund der Beschaffenheit der Abwässer, die teilweise mit der von Deponiesickerwässern verglichen wird, ist zu erwarten, daß diese vor der Einleitung einer Behandlung unterzogen werden müssen. Genauere Angaben liegen allerdings auch für diesen Bereich noch nicht vor.

Das bei der späteren Ablagerung anfallende Sickerwasser wird vermutlich im Vergleich zum Sickerwasser aus der Deponierung unbehandelter Siedlungsabfälle geringer organisch belastet sein.

3.2.5 Gasförmige Emissionen

Die mögliche Emission von Schadstoffen über die Abluft hängt stark vom eingesetzten Verfahren ab. Bei einer voll gekapselten Rotte mit Abluftfassung und -reinigung ist mit geringeren Schadstofffrachten zu rechnen als bei einer offenen Mietenrotte, wie sie teilweise praktiziert wurde bzw. wird.

Werden Vergärungsverfahren eingesetzt, so erfolgt die anaerobe Behandlung schon systembedingt in geschlossenen Behältern, deren Abluft erfaßt und gereinigt wird. Bei einer aeroben Nachrotte wäre diese als mögliche Emissionsquelle zu sehen. Belastbare Daten über Schadstofffrachten, die über die Abluft mechanisch-biologischer Behandlungsanlagen emittiert werden, liegen noch nicht vor; es gibt lediglich einige, relativ vage Abschätzungen.

Eine Erfassung und Reinigung der Abluft aus den Anlagenteilen, in denen die mechanische Aufbereitung und biologische Behandlung erfolgt, wird allerdings häufig schon aufgrund der zu erwartenden Geruchsemissionen notwendig werden. Zur Reinigung der Abluft von Kompostierungsanlagen werden in der Regel Biofilter eingesetzt. Inwieweit diese bei mechanisch-biologischen Restmüllbehandlungsanlagen ausreichend sind, muß vor allem vor der Frage potentieller Schadstoffemissionen geklärt werden.

Auf die zu erwartende Bildung von Deponiegas aufgrund der noch im Restmüll befindlichen organischen Substanz wurde bereits hingewiesen. Es ist zu erwarten, daß die Deponiegasbildung über eine längere Zeit erfolgen wird. Die dadurch notwendige Gasfassung wird immer unvollständig bleiben. Bei einer umfassenden Emissionsbetrachtung wäre daher der Deponiebetrieb mitzuberücksichtigen.

3.3 Flächenbedarf

Insgesamt ist der Flächenbedarf für den mechanisch-biologischen Anlagenteil, für die Nachbehandlung (bei der Vergärung) sowie für die Deponierung des behandelten Restmülls anzusetzten. Für die eigentliche mechanisch-biologische Behandlungsanlage inklusive Nachbehandlungsflächen schwanken die Angaben stark. Beispielsweise wurde für eine Anlage mit einer Kapazität von 100 000 t Restmüll pro Jahr bei sechs Monaten (aerobe) Rottezeit ein Flächenbedarf von 8 ha angegeben. Für andere Behandlungskonzepte werden zum Teil deutlich geringere, aber auch höhere Werte genannt.

In allen Fällen dürfte allerdings die spätere Deponierung den Flächenbedarf wesentlich bestimmen. Aufgrund der begrenzten Volumenreduzierung durch die mechanisch-biologische Behandlung sind entsprechend groß ausgelegte Deponieflächen bzw. -volumina vorzuhalten.

3.4 Zeitliche Dimension

Durch mechanisch-biologische Behandlung werden keine vollständig mineralisierten Produkte erzeugt, so daß bei der Ablagerung des vorbehandelten Restmülls eine Nachsorge über lange Zeiträume erforderlich sein wird. Die Bildung von Deponiegas und organisch belastetem Sickerwasser dürfte über längere Zeit anhalten. Letztlich wird durch diese Art der Restmüllbehandlung das Problem der Schadstoffemissionen an künftige Generationen übertragen.

3.5 Kosten

Die zu erwartenden Kosten für die mechanisch-biologische Behandlung mit nachfolgender Deponierung sind derzeit nur in Ansätzen abschätzbar. Die vorliegenden Angaben schwanken stark und sind noch mit großen Unsicherheiten behaftet. Daher wird an dieser Stelle auf eine Kostenbetrachtung verzichtet.

4 Zusammenfassung

Mechanisch-biologisch vorbehandelter Restmüll weist im Vergleich zu unbehandeltem Restmüll eine Reihe von Vorteilen auf, die vor allem deponietechnischer Art sind. Bei seiner Ablagerung dürfte außerdem die Bildung von Deponiegas und die organische Belastung des Sickerwassers geringer sein.

Durch eine mechanisch-biologische Restmüllbehandlung kann die vorhandene Organik allerdings nicht vollständig abgebaut werden, so daß bei einer Ablagerung Reaktionen innerhalb der Deponie und damit verbunden die Bildung von Deponiegas nach wie vor zu erwarten sind.

Eine weitestgehende Mineralisierung, wie sie z.B. die TA Siedlungsabfall zur Vermeidung künftiger „Bioreaktordeponien" fordert, kann mit mechanisch-biologischen Verfahren nicht erreicht werden. Vor diesem Hintergrund und aufgrund ihres Entwicklungsstandes können diese Verfahren zur Zeit nicht als Stand der Technik angesehen werden. Die Anforderungen an die Beschaffenheit der abzulagernden Abfälle, wie sie in der TA Siedlungsabfall festgelegt sind, können derzeit nur durch thermische Verfahren erreicht werden.

Literatur

Damiecki R (1992) Mechanisch-biologische Restmüllaufbereitung, Ergebnisse mehrerer Pilotversuche. Müll und Abfall 11

Elsässer R F et al. (1991) Ökologische Gegenüberstellung von Restmülldeponie und Restmüllverbrennung. Abfallwirtschaftsjournal 3, 56

Giegrich J, Franke B (1992) Umweltbelastung durch Abfallverbrennungsanlagen im Vergleich zu alternativen Vorschlägen der Abfallbehandlung. In: Reader zum 7. ZAF-Seminar der TU Braunschweig vom 24./25 Sept. 1992, 71

Hahn J (1992) Beurteilung der Verfahren zur kalten Müllbehandlung aus der Sicht des Umweltschutzes. In: „Kalte" Verfahren der Abfallbehandlung, Müllvergärung und Biomüllkompostierung. E. Schmidt-Verlag Bielefeld

Helten M (1993) Möglichkeiten und Grenzen der biologischen Behandlung von Restmüll durch kombinierte anaerobe und aerobe Verfahren. Reihe Ökologische Abfallwirtschaft in Nordrhein-Westfalen Nr. 8

Linder K J, Fuchs A (1992) Ist der Ofen wirklich aus? Abfallwirtschaftsjournal 4, 125

Tagungsband des FIW zur Veranstaltung „Kalte Vorbehandlung von Restmüll" am 24.3.1993

Springer-Verlag und Umwelt

Als internationaler wissenschaftlicher Verlag sind wir uns unserer besonderen Verpflichtung der Umwelt gegenüber bewußt und beziehen umweltorientierte Grundsätze in Unternehmensentscheidungen mit ein.

Von unseren Geschäftspartnern (Druckereien, Papierfabriken, Verpackungsherstellern usw.) verlangen wir, daß sie sowohl beim Herstellungsprozeß selbst als auch beim Einsatz der zur Verwendung kommenden Materialien ökologische Gesichtspunkte berücksichtigen.

Das für dieses Buch verwendete Papier ist aus chlorfrei bzw. chlorarm hergestelltem Zellstoff gefertigt und im pH-Wert neutral.